Jimi Balladeer

Das Hoffnungsbuch

- Warum wir trotz globaler Probleme
hoffnungsvoll
der Zukunft entgegensehen dürfen -

Impressum

Das Hoffnungsbuch - Warum wir trotz globaler Probleme hoffnungsvoll der Zukunft entgegensehen dürfen -
Autor: Jimi Balladeer
10. Fassung Januar 2022 (Erstausgabe: Februar 2020).

Dies ist ein "lernendes" Buch: Der Autor arbeitet neue Erkenntnisse zu den beschriebenen Themen und konstruktives Feedback seiner Leserinnen und Leser laufend ein.
Email: JimiBalladeer@gmx.de
Buchcover: Bild von John Hain auf pixabay

Grafiken: www.pixabay.com
Vom gleichen Autor sind bei Amazon bereits erschienen:
- Unsere globale Welt erfordert globale Lösungen
  - Gedanken zu einer neuen Weltordnung
- Mit gutem Gewissen gut leben
  - Tipps für ein gutes Leben - nachhaltig und global
- Das Hoffnungsbuch - Warum wir trotz globaler Probleme hoffungsvoll der Zukunft entgegensehen dürfen
- Das Jahrzehnt der Entscheidungen
  - Was auf der Agenda der Menschheit für die Jahre 2020 bis 2030 unbedingt stehen sollte
- Drei Schlüssel für das Leben in einer besseren Welt
- Seelengespräche

Alle Bücher sind auch als ebook erhältlich.

Die Musik von Jimi Balladeer kann auf www.bandcamp kostenlos heruntergeladen werden:

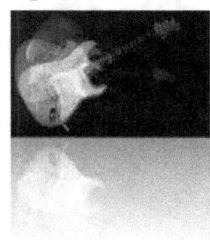  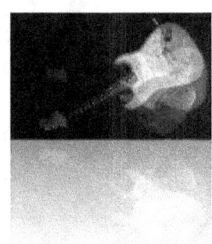

Entweder als Solo-Künstler unplugged (https://jimiballadeer.bandcamp.com/) oder mit seiner Band "Fretless Fun" (https://fretless-fun.bandcamp.com/).

Chronik der Ergänzungen/Änderungen:

2. Fassung März 2020	Inhaltliche Ergänzungen (insbesondere "Cradle to Cradle") und Neufassung des Epilogs
3. Fassung April 2020	Neu aufgenommen wurden: - Vierte Säule der Krebsbehandlung - Internationaler Strafgerichtshof - Chinas grüne Mauer - Austern und Wasserreinigung - „Vertical Farming" - Joyce Meyer Ministries - Folding@home
4. Fassung Mai 2020	Neu aufgenommen wurden: - Open Society Foundations - Amazon-Chef und Klima
5. Fassung Juni 2020	Neu aufgenommen wurden: - The Giving Pledge und Jack Patrick Dorsey - LIDL und Menschenrechte
6. Fassung Sept. 2020	Neu aufgenommen wurden: - Corona-Pandemie und Klimawandel - Toyota und Garantie auf Batterien von Elektroautos - Gigantische Solarparks - Anti-Kohle-Allianz - Peruanischer Bauer führt Klima-Musterklage - „Urban Gardening" - „Factory" in Berlin - Kopenhagen: Vorbild für Klimaneutralität in Städten - Verfahren zur CO2-Bindung - Friends of the Earth International
7. Fassung Dez. 2020	Neu aufgenommen wurden: - La Via Campesina kämpft weltweit erfolgreich für humane Agrar- und Ernährungspolitik - Bürger engagieren sich für die Zukunft der Menschheit
8. Fassung Februar 2021	Neu aufgenommen wurden: - USA haben die „Ära Trump" überwunden - Recycling zur Cellulose Gewinnung - China schließt mit der EU einen Handelsvertrag - Stifterin McKenzie Scott spendet Rekordsummen - Erfolgsprojekt „Ein-Dollar-Brille" - Gewinnung „seltener Erden" wird umweltfreundlicher

	- SPRIND arbeitet erfolgreich - "Millionaires for Humanity" fordern höhere Steuern - „atmosfair" bietet Lösung für umweltgerechte Flugreisen
9. Fassung Mai 2021	Neu aufgenommen wurden: - Eine globale Steuerreform ist in Sicht - China startet nationalen Emissionshandel - USA nehmen den Kampf gegen den Klimawandel auf - Nachhaltiger Stahlbeton wurde entwickelt - Fairtrade-Produkte setzen sich immer mehr durch - PLAN International - Gemeinwohlorientierung findet mehr Unterstützer - Initiative „Wir transformieren Bayern" als Vorbild für den Rest der Welt
10. Fassung Januar 2022	Neu aufgenommen wurden: - 80.000 Hours - Nachhaltigkeit als Megatrend in der Spielzeugindustrie - Tesla akzeptiert keine Bitcoins mehr - Ohrfeige für die deutsche Regierung: Das Bundesverfassungsgericht erzwingt mehr Klimaschutz - Historischer Sieg gegen einen der größten Umweltsünder der Welt - Durch die richtige Berufswahl Gutes tun - Großstädte werden zu „Waldstädten" - Staatsverfassung räumt der Natur eigene Rechte ein - Nestle will klimafreundlich werden - Schlag gegen die Mafia in Europa - EU will den Ausverkauf ihrer Unternehmen stoppen

COPYRIGHT ©

Der Titel ist bei Titelschutz.ch unter Hinweis auf § 5 Abs. 3 MarkenG (Deutschland) sowie § 80 UrhG, § 9 UWG (Österreich) in allen Schreibweisen und Darstellungsformen geschützt und im Online-Titelschutz-Anzeiger veröffentlicht worden. Das Manuskript, einschließlich all seiner Teile, ist urheberrechtlich geschützt. Jede Verwertung außerhalb der engen Grenzen des Urheberrechts ist ohne Zustimmung des Verfassers unzulässig und strafbar. Das gilt insbesondere für Vervielfältigungen, Übersetzungen, Mikrovervielfältigungen und die Einspeicherung und/oder die Verarbeitung in elektronische Systeme.

In diesem Buch befinden sich Verlinkungen zu Webseiten Dritter. Bitte haben Sie Verständnis dafür, dass ich mir die Inhalte Dritter nicht zu eigen mache, für die Inhalte nicht verantwortlich bin und keine Haftung übernehme.

Alle Rechte vorbehalten. Nutzungsoptionen wie etwa Veröffentlichung, Verbreitung, Speicherung oder Übertragung ist nur mit Zustimmung des Autors zulässig.

Inhalt

Prolog 11

Klimawandel 13

   "Green-Deal" der EU macht Hoffnung 13

   Kampagnen gegen den Klimawandel werden erfolgreicher 15

   USA nehmen den Kampf gegen den Klimawandel auf 17

   Auch Versicherungen bekämpfen den Klimawandel 20

   Jugendliche machen Klimaschutz weltweit zum Top-Thema ... 22

   Mit der Suchmaschine "Ecosia" den Umweltschutz fördern.... 25

   Nachhaltiger Stahlbeton wurde entwickelt 27

   Amazon-Chef will das Klima retten 29

   Tesla akzeptiert keine Bitcoins mehr... 31

   Verfahren zur CO2-Bindung werden entwickelt 33

   China startet nationalen Emissionshandel................................. 38

   Die Weltbank unterstützt Weltpolitik 40

   Indien wandelt sich 42

   Baumpflanzaktionen nehmen zu 44

   Kohleabbau wird stigmatisiert.. 46

   Nestlé will klimafreundlich werden... 49

   Corona-Pandemie unterstützt Kampf gegen Klimawandel 52

   „Atmosfair" bietet Lösung für umweltgerechte Flugreisen...... 55

   Software-Nachrüstung für Diesel-Pkw ist fertig 57

   Staatsverfassung räumt der Natur eigene Rechte ein 59

   Kopenhagen als Vorbild für Klimaneutralität in Städten.......... 61

   Drohnen unterstützen Indigene als „Hüter des Amazonas"..... 64

   Miyawaki-Pflanzungen verbesern in Großstädten die Luft 66

   Ein peruanischer Bauer führt eine Klima-Musterklage............. 68

Ohrfeige für die deutsche Regierung:
Das Bundesverfassungsgericht erzwingt mehr Klimaschutz 71

Historischer Sieg gegen einen der größten Umweltsünder
der Welt 74

Chinas „Grüne Mauer" schafft Wälder aus Wüsten 77

"Cradle to Cradle" fördert ein neues Denken 79

„Wir transformieren Bayern" als Vorbild für die Welt 83

Humanität 85

Gewalt geht zurück 85

Der Internationale Strafgerichtshof gewinnt Glaubwürdigkeit 87

Schlag gegen die Mafia in Europa 89

Durch die richtige Berufswahl Gutes tun 91

Armutsbekämpfung ist erfolgreich 94

Das Bildungsniveau nimmt zu 95

Philanthropie wird populärer 97

Sozialunternehmen boomen 102

Fair hergestellte Kleidung nimmt zu 104

Gemeinwohlorientierung findet immer mehr Unterstützer .. 105

„La Via Campesina" kämpft weltweit erfolgreich für humane
Agrar- und Ernährungspolitik 108

Hilfsorganisationen leisten weltweit humanitäre Hilfe 110

Engagierte Menschen leisten wirksame Entwicklungshilfe 121

Hilfsorganisatonen geben Kindern eine Perspektive 124

Organisationen setzen sich für Menschenrechte ein 128

Tierwohl gewinnt immer mehr Bedeutung 137

Finanzwesen 140

"Millionaires for Humanity" fordern höhere Steuern für
Reiche und Superreiche 140

"Ethische" Geldanlagen setzen sich durch 143

 Zukunftsorientierte Besteuerung kommt 145

 Ein riesiges Steuerschlupfloch schließt sich 148

Umweltschutz 150

 Luftqualität wird in vielen Ländern besser.................... 150

 Schiffe werden sauberer 153

 Lkw werden umweltfreundlicher 156

 Millionen Austern werden zur Wasserreinigung eingesetzt .. 158

 TOYOTA gibt eine Garantie von einer Million Kilometern oder 10 Jahren auf Batterien von Elektroautos 160

 „Vertical-Farming" spart Wasser und Pestizide und schont den wertvollen Ackerboden 162

 „Urban Gardening" nimmt zu 165

 Großstädte werden zu „Waldstädten".................... 168

 Gewinnung „seltener Erden" wird umweltfreundlicher 171

 Plastikmüll wird begrenzt 174

 Naturschutzgebiete als Chance.................... 178

 Umweltschutzorganisationen kämpfen für die Welt.................... 180

 Neue Trinkwasserquellen werden erschlossen.................... 184

 Nanotechnologie als Riesenchance 186

Wirtschaft.................... 188

 China schließt mit EU richtungsweisenden Handelsvertrag... 188

 Die „Factory" in Berlin definiert Zusammenarbeit zwischen Unternehmen neu 190

 EU will den Ausverkauf ihrer Unternehmen stoppen.................... 192

 Die Bundesagentur für Sprunginnovationen (SPRIND) hat ihre Arbeit aufgenommen.................... 195

 Fairtrade-Produkte setzen sich immer mehr durch 197

 Nachhaltigkeit als Megatrend in der Spielzeugindustrie.................... 200

Gesundheitswesen.................... 202

„Folding@home" hilft besser als alle Supercomputer zur Erforschung von Krankheiten 202

Kinderlähmung wird ausgerottet 205

Eine vierte Säule der Krebsbehandlung etabliert sich 207

Ein biologisches Bankschließfach der Menschheit entsteht... 209

Kindersterblichkeit nimmt ab 212

Die Lebenserwartung steigt 214

Hoffnung für Alzheimer-Patienten? 215

Die Lebenszufriedenheit nimmt im Alter zu 217

Energiegewinnung 219

Kernfusion könnte eine Lösung sein 219

Die Nutzung der Sonnenenergie wird durch gigantische „Solarparks" immer intensiver 221

Atomkraftwerke bekommen eine zweite Chance 224

Solarturmkraftwerke entstehen 226

NordLink wurde im Mai 2021 freigegeben 228

Wasserstoffantrieb als zweites Standbein 230

Mit Rechenzentren Häuser heizen 232

Höhenwinde als mittelfristige Lösung 235

Internet nur noch mit Öko-Strom? 237

Neue Super-Batterie verwertet Abfallprodukt 240

Globale Ressourcen 243

Überbevölkerung verliert ihren Schrecken 243

Globale Ungleichheit nimmt ab 245

Ökologische Landwirtschaft nimmt zu 247

Lebensmittelvernichtung wird begrenzt 249

Sicherheitsrisiko Digitalisierung wird begrenzt 251

Weltpolitik 256

Demokratie verbreitet sich immer mehr 256

Informationsfreiheit nimmt zu 259

Die USA haben die „Ära Trump" endlich überwunden 260

Bürger engagieren sich für die Zukunft der Menschheit 263

Epilog 272

Prolog

Die Generation der derzeitigen deutschen "Best-Agers", also die über 60-jährigen, hatte das große Glück, dass sie in einer Zeit des wirtschaftlichen Aufschwungs aufwachsen durfte und erlebt hat, dass sich die Verhältnisse Jahr für Jahr verbessern. In den anderen Industrieländern war das ähnlich.

"Das ist vorbei", müssen wir leider jetzt konstatieren, denn alles spricht dafür, dass unsere Kinder und unsere Enkel in einem ganz anderen Umfeld leben werden müssen. Klimawandel, Umweltskandale, Agrarkolonialismus, Aufrüstung und Flüchtlingsbewegungen sind nur einige Stichworte für deren düstere Zukunft.

Aber ist das wirklich so? Gibt es nur bedrückende Nachrichten?

Ja, wenn man nur die großen Schlagzeilen liest.

Nein, wenn man ausführlicher recherchiert.

Letzteres biete ich Ihnen mit meinem Buch:

Es enthält Ereignisse und Entwicklungen, die teils nicht als Headline erschienen sind, aber sehr wichtig sind und vor allem Hoffnung geben, dass die Weltgemeinschaft doch noch den erforderlichen globalen "Turnaround" schafft.

Teils sind es nur Vorhaben bzw. Verpflichtungserklärungen, aber schließlich möchte ich Ihnen kein Geschichtsbuch präsentieren, sondern eine Sammlung voller positiver Visionen.

Bitte erwarten Sie aber keinen "Good-News-Ticker". Das gibt es schon. Sie können z.B. die kostenlose "Good news-App" herunterladen[1], oder die Homepage von "Nur positive Nachrichten"[2] besuchen. Dort finden Sie laufend positive Nachrichten, meist aber auf Einzelpersonen oder -ereignisse bezogen.

---

[1] Quelle: CHIP online (https://www.chip.de/news/Mehr-gute-Nachrichten-Gratis-App-buendelt-positive-Berichterstattung_153517516.html)

[2] Quelle: https://nur-positive-nachrichten.de/gute-nachrichten

Mein Ansatz ist ein anderer: Mancher mag wissen, dass ich ein sehr kritisches Buch[3] zu den Folgen der Globalisierung geschrieben habe. Dort geht es in erster Linie darum, die Schwachstellen unseres derzeitigen Systems der rein nationalistisch denkenden Regierungen aufzuzeigen und global wirkende Verbesserungsvorschläge zu machen. Dafür habe ich natürlich primär auf Entwicklungen zurückgegriffen, die meine Vorschläge stützen. Dazu stehe ich immer noch, aber man darf natürlich nicht die positiven Entwicklungen vergessen, die globale Bedeutung haben.

Insofern bietet dieses kleine Buch eine gute Ergänzung meines Erstwerkes, soll es aber weder ersetzen oder seine Bedeutung schmälern.

Was ich Ihnen versprechen kann: Meine Recherchen werden dafür sorgen, dass Sie die Welt ab sofort wieder positiver sehen. Mehr noch, Sie werden vielleicht auch merken, dass sich Ihre grundsätzliche Denkweise zum Positiven verändert. Wer ständig mit schlechten Nachrichten vollgepumpt wird, erwartet eines Tages, dass alles auf der Welt schlecht laufen muss. Wer aber dieses Buch gelesen hat, bekommt den Glauben an eine positive Zukunft Menschheit wieder etwas zurück.

Möglicherweise kennen Sie noch ganz andere positive globale Entwicklungen. Wenn ja, bitte schreiben Sie mir: JimiBalladeer@gmx.de.

---

[3] "Unsere globale Welt erfordert globale Lösungen", erschienen bei Amazon als ebook und Taschenbuch

Klimawandel

"Green-Deal" der EU macht Hoffnung

In Paris hat die Staatengemeinschaft vor vier Jahren das Ziel festgeschrieben, die Erwärmung der Welt bis zum Jahr 2100 auf deutlich unter 2 Grad Celsius zu begrenzen, besser noch auf 1.5 Grad. Dadurch soll eine große Klimakatastrophe vermieden werden.
Da sich der CO2-Ausstoß seitdem nicht verringert, sondern weltweit gesehen sogar noch zugenommen hat, erscheint das Erreichen dieses Zieles nahezu unmöglich.

Die gute Nachricht:
Um das anspruchsvolle Ziel zumindest für Europa zu erreichen, hat die Europäische Kommission im Dezember 2019 ihren europäischen "Green-Deal" vorgestellt, ein äußerst ehrgeiziges Maßnahmenpaket für einen nachhaltigen ökologischen Wandel, der den Menschen und der Wirtschaft in Europa zugutekommen soll.

Die zeitlich gestaffelten Maßnahmen reichen von drastischen Emissionssenkungen über Investitionen in Spitzenforschung und Innovation bis hin zum Erhalt unserer natürlichen Umwelt. Mit Investitionen in grüne Technologien, nachhaltigen Lösungen und neuen Chancen für Unternehmen kann der Grüne Deal zu Europas neuer Wachstumsstrategie werden.

Hierzu müssen allerdings die Öffentlichkeit und alle Interessenträger einbezogen werden und mitmachen. In erster Linie bahnt der europäische Grüne Deal den Weg zu mehr sozialer Gerechtigkeit: Niemand, weder Mensch noch Region, soll bei dem anstehenden Zeitenwandel im Stich gelassen werden[4].

Im Januar 2020 wurde bekanntgegeben, dass ein gigantisches Investitionspaket in Höhe von einer Billion EURO bis 2030 die europäische Klimawende anschieben soll. Das Geld soll zur Hälfte aus dem EU-Haushalt kommen, der Rest von den EU-Staaten und privaten Investoren[5].

Alle Maßnahmen sind so angelegt, dass die EU bis 2050 Klimaneutralität erreicht hat.

Aktuell (im Januar 2022) tauchen allerdings die ersten Wehmutstropfen auf.

Das Vorgehen der EU-Kommission lässt erhebliche Zweifel daran aufkommen, dass es die Behörde ernst meint mit dem Klimaschutz:

Atomkraft und Erdgas sollen – wenn auch nur zeitlich befristet – als nachhaltige Technologien eingestuft werden.

Das ist erschreckend, denn nach wie vor ist das Atommüllproblem ungelöst und Erdgas als fossiler Energieträger verursacht bekanntlich riesige Mengen CO_2-Emissionen.

---

[4] Quelle: Website der EU (https://ec.europa.eu/info/strategy/priorities-2019-2024/european-green-deal_de)

[5] Quelle: dpa-Meldung, veröffentlicht in "Der Bote" vom 16.01.2020

 **Kampagnen gegen den Klimawandel werden erfolgreicher**

Die multinationalen Konzerne machen in manchen Ländern, was sie wollen, weil korrupte Regierungen ihnen keinen Einhalt gebieten bzw. sie sogar noch unterstützen, weil sie wirtschaftliche Vorteile davon haben.

Die gute Nachricht:
Es gibt immer mehr Zusammenschlüsse von aktiven Bürgerinnen und Bürgern, die für die Umwelt kämpfen. Sie unterstützen auch wirksam die großen NGOs (Nichtregierungsorganisationen) wie Greenpeace und campact. Bei Greenpeace läuft die große Klimakampagne "Ein Herz fürs Klima"[6].

Aber es gibt noch zahlreiche andere Institutionen.

Vorbildlich ist z.B. die Gruppe 350.org[7], die weltweit an Kampagnen gegen den Klimawandel arbeitet.

---

[6] Quelle: Greenpeace (https://www.greenpeace.de/klimaschutz-jetzt)

[7] Quelle: Website von 350.org (https://350.org/de/)

Ihr Motto lautet:

"Wir bieten der fossilen Brennstoffindustrie die Stirn. Mit vielen Menschen auf der ganzen Welt stoppen wir alle neuen Kohle-, Öl- und Gasprojekte, beschleunigen den Ausstieg aus bestehenden fossilen Projekten und gestalten eine gerechte Energiewende mit 100% Erneuerbare für alle". (Zitat Ende)

Einen großen Erfolg – der allerdings kaum in den Medien erwähnt wurde – erzielte die Gruppe 350.org Mitte 2019, als sich die Europäische Investitionsbank (Europas größte öffentliche Bank) auf ihren Druck hin verpflichtete, ab Ende nächsten Jahres nur noch fossilfrei zu investieren und erneuerbare Energien zu stärken.

Man kann diese Organisationen alle aktiv (durch Teilnahme an Veranstaltungen) oder auch passiv (durch Spenden) unterstützen.

 **USA nehmen den Kampf gegen den Klimawandel auf**

Michael Regan, der Leiter der EPA, der wichtigsten Umweltbehörde der Welt, hat viel vor[8]:
Aus den schönen Worten Joe Bidens muss er echte Umweltpolitik machen. Unter Ex-Präsident Donald Trump war die EPA seit 2017 in einer Art Selbstzerstörungsmodus. Alle progressiven Verordnungen zur Regulierung von Luftqualität, Umweltauflagen für Öl- und Gasbohrungen oder Naturschutz wurden verwässert oder abgeschafft.
Nun steht alles wieder auf Anfang: Regan muss die EPA zu einer schlagkräftigen Behörde machen, um die ehrgeizigen Klimapläne von Präsident Joe Biden umzusetzen.

---

[8] Quelle: Der Spiegel vom 14.03,2021 (https://www.spiegel.de/wissenschaft/mensch/usa-neuer-epa-chef-michael-regan-soll-joe-bidens-klimaplaene-umsetzen-a-7c5eb690-8def-4048-a537-e7ae02edfc20?utm_source=pocket-newtab-global-de-DE)

Größtes Vorhaben ist der Ausstieg aus fossilen Brennstoffen im Stromsektor bis 2035. Dafür soll der neue EPA Chef einen »Clean Power Plan 2.0« einleiten.

Den ursprünglichen »Clean Power Plan« brachte die EPA unter Präsident Obama auf den Weg. Damit sollten erstmals landesweit verbindliche Ziele für die Reduzierung von Treibhausgasen im Energiesektor vorgeschrieben werden. Das hätte vor allem die Kohlebranche empfindlich getroffen. Allerdings trat der Plan nie in Kraft, weil er von mehreren US-Bundesstaaten juristisch angefochten und schließlich von Trump gestoppt wurde.

Nun will die Biden-Administration einen neuen Anlauf wagen. Der neue Plan muss so wasserdicht sein, dass ihn weder die konservativen Bundesstaaten noch der Oberste Gerichtshof kippen können.

Das nächste Minenfeld für den neuen EPA-Chef ist der Verkehr. Die Klimaberaterin des Weißen Hauses, Gina McCarthy sei bereits in Verhandlungen mit den Autoherstellern, berichtet die »New York Times«. Bereits Anfang Januar hatten Toyota, Fiat Chrysler immerhin signalisiert, dass sie den Widerstand gegen Kalifornien aufgeben. Der Bundesstaat hatte unter Trump strengere Emissionsstandards für Verbrennermotoren erlassen, weil dem Gouverneur die Vorgaben der Trump-Regierung zu lasch waren.

An seinem ersten Amtstag nahm Biden die Lockerungen bei den Abgasgrenzwerten zurück. Er kündigte zudem mehr Förderungen für Elektroautos und den Ausbau eines landesweiten Ladenetzes an. Aber auch strengere Regeln für Diesel und Benziner müssen her. Umsetzen muss das dann Michael Regan.

(Ende des Auszugs)

Das alles ist eine sehr gute Nachricht!

Die USA als zweitgrößter CO_2-Emittent weltweit haben es aber auch bitter nötig, ihrer Verantwortung für den Rest der Welt endlich gerecht zu werden.

Ich nehme es Joe Biden ab, dass er Willens ist, den dringend erforderlichen Paradigmenwechsel einzuleiten.

Aber wir alle haben unter der Präsidentschaft von Barack Obama schmerzlich erfahren, dass selbst der Präsident nicht alles das tun kann, was er möchte. Und in den USA hat Joe Biden sehr mächtige Gegenspieler. Nicht nur in der Industrie, sondern auch bei seinen eigentlichen politischen Partnern, den Gouverneuren der Bundesstaaten.

Ich hoffe sehr, dass er seine Vorhaben umsetzen kann und werde die weitere Entwicklung genau beobachten.

 **Auch Versicherungen bekämpfen den Klimawandel**

Beim Klimawandel habe ich immer das Gefühl, dass wir gegen Windmühlen kämpfen. Fleisch essen wird stigmatisiert, Flugreisen und Kreuzfahrten machen nur noch "Umweltsünder", Autofahren gilt als Bedrohung der Volksgesundheit und und und.

Aber auch wenn wir in Deutschland das alles von einem auf den anderen Tag lassen würden, würde sich am globalen Klimaproblem so gut wie nichts ändern. Aber was würde helfen?

Eine internationale Initiative großer Versicherungen und Pensionsfonds hat einen guten Weg gefunden:

Im Kampf gegen die globale Erderwärmung will sie bis 2050 mehr als zwei Billionen EURO klimaneutral anlegen.

Konkret bedeutet dies, dass die Großinvestoren Einfluss auf die Unternehmen wollen, deren Wertpapiere sie halten, damit diese ihre Geschäfte "dekarbonisieren", also die Belastung des Planeten mit Treibhausgasen nicht mehr erhöhen.

Allianz-Chef Oliver Bäte und Mitstreiter hoffen auf Vorbildwirkung: "Indem sie sich verpflichten, ihre Investmentportfolios bis zum Jahr 2050 auf netto null Treibhausgas-Emissionen umzustellen, legen die Kapitalanleger die Messlatte für andere Investoren, Industrieverbände und die Weltwirtschaft hoch"[9].

Das ist ein ähnlicher Ansatz, wie ihn "BlackRock" verfolgt (siehe "Finanzwesen").

Sehr erfolgversprechend, da nicht nur einzelne Länder wie Deutschland davon betroffen sind, sondern die ganze Welt!

Die gute Nachricht:

Erste Erfolge zeichnen sich schon ab, denn der britische Öl- und Gaskonzern BP hat offiziell angekündigt, dass er bis spätestens 2050 klimaneutral werden will. Dies ist offenbar eine Folge des Drucks von großen Investoren[10].

---

[9] Quelle: dpa-Meldung, veröffentlicht in "Der Bote" vom 24.09.2019
[10] Quelle: dpa-Meldung vom 13.02.2020

Jugendliche machen Klimaschutz weltweit zum Top-Thema

Den Generationen Y und Z, also den seit 1980 geborenen Jugendlichen, wurde lange vorgeworfen, dass sie oberflächlich denken und nur an Konsum und Karriere interessiert seien.

Die erste gute Nachricht:
Das hat sich seit dem Jahr 2019 nachhaltig geändert.
Ein junges Mädchen namens Greta Thunberg hat es geschafft, dass der Klimawandel und damit die Politik wieder in den Köpfen der Jugend angekommen ist.
Die von ihr initiierte Bewegung nennt sich "Fridays for Future", weil an allen Freitagen ein Schulstreik stattfinden soll, bis die Politiker "aufgewacht" sind und das, was sie vor Jahren im Rahmen des "Pariser Abkommens" unterschrieben haben, auch umsetzen.

Eigentlich nichts Besonderes. Warum sollte man von Politikern nicht erwarten können, dass sie das tun, wozu sie sich auch schriftlich verpflichtet haben?!
Ja, aber so einfach ist die Sache leider nicht. Eine Erklärung zu unterschreiben ist das eine, die Inhalte dann auch umzusetzen, das andere. Und Greta und Co. haben den Finger genau in die Wunde gelegt!

Die "Fridays for Future" haben es geschafft, "schläfrige" Politiker aufzuwecken.

Greta Thunbergs Aktionsform (Verweigerung der Schulpflicht) sowie ihr Motto ("Warum soll ich lernen, wenn es bald keine Zukunft mehr für mich geben könnte") brachten mehr in Bewegung als Jahrzehnte voller NGO-Appelle und wissenschaftlicher Präsentationen - und bot damit allen Anlass, die hergebrachten Formen der Klima-Kommunikation zu überdenken. Die junge Schwedin hat in nur wenigen Monaten erreicht, woran Klimaforscher, Umweltorganisationen, engagierte Politiker und viele andere zuvor gescheitert waren: Die drohenden Folgen der Erderhitzung zum Top-Thema in Gesellschaft und Politik zu machen.

Plötzlich formierten sich immer neue Gruppen, die sich hinter #FridaysForFuture stellten - darunter nicht nur sehr junges Publikum, sondern auch Öko-Veteranen aus den 1980er Jahren und Menschen, die sich mit Klimathemen bislang kaum auseinandergesetzt hatten. Der Klimawandel bekam endlich Raum in den Medien. Die deutsche Bundesregierung verabschiedete ein "Klimapaket", bei Wahlen in Deutschland, Österreich und der Schweiz erreichten grüne Parteien Rekordergebnisse, in Wien sitzen sie neuerdings erstmals in der Bundesregierung[11].

Auch wenn der große Wurf einer globalen Klimapolitik noch aussteht, traue ich der Bewegung zu, dass sie nach und nach immer mehr Menschen mobilisiert und dadurch den Kampf gegen den Klimawandel so lange in den Fokus stellt, bis weltweit deutliche Erfolge eintreten.

Die zweite gute Nachricht:
Auch die Wissenschaft, die schon seit vielen Jahren vor den Folgen der Klimaerwärmung warnte, aber bei den Spitzenpolitikern kein angemessenes Gehör fand, profitierte von Greta Thunberg:

---

[11] Quelle: Klimafakten.de (https://www.klimafakten.de/meldung/alleforfuture-welche-welle-aktivismus-die-freitagsstreikenden-schueler-losgetreten-haben)

Kurz nach Beginn der ersten Freitagdemos unterzeichneten mehr als 26.000 - teils sehr prominente - Wissenschaftlerinnen und Wissenschaftler eine Stellungnahme unter dem Motto "Scientists 4 Future", in der sie sich hinter die streikenden Schüler stellten. Und diesem Beispiel der Wissenschaft sollten in den folgenden Wochen und Monaten viele weitere Berufsgruppen folgen[10].

Die aktuelle Corona-Krise hat den Klimawandel leider aus den Schlagzeilen verdrängt und verbietet den Aktivisten öffentliche Versammlungen.

Aber ich bin zuversichtlich, dass sich das bald wieder ändern wird und werde die weitere Entwicklung beobachten.

 **Mit der Suchmaschine "Ecosia" den Umweltschutz fördern**

Die Nutzung des Internets ist Fluch und Segen zugleich. Einerseits kann man dadurch so schnell und einfach wie noch nie auf das gesammelte Wissen Menschheit zugreifen, anderseits entsteht durch die Milliarden von Suchanfragen, die jeden Tag anfallen, ein immenser Stromaufwand, dessen Erzeugung wiederum riesige Mengen an CO_2 ausstößt.

Über 90% der Suchanfragen laufen derzeit über die Suchmaschine "Google", aber finanziell gesehen profitiert davon nur Google selbst, da die gigantischen Werbeinnahmen als Unternehmensgewinne verbucht werden.

Die gute Nachricht:
Es geht auch anders. "Ecosia" nennt sich eine Suchmaschine, die ihre Werbeeinnahmen nutzt, um der Umwelt zu helfen. Konkret unterstützt die Suchmaschine über 20 Baumpflanzprojekte, die sich über 15 Länder erstrecken, darunter beispielsweise Peru, Burkina Faso und Brasilien.

Immer dann, wenn man über Ecosia sucht, erfährt man, wie viele Bäume bereits gepflanzt worden sind.

Aktuell (Stand 31.01.2020) sind es 82.615.500 Bäume!

Man sieht auch, wie viel man selbst schon dazu beigetragen hat. Im Schnitt sind etwa 45 Suchen nötig, bis ein Baum gepflanzt wird.

Man kann die Suchmaschine dem verwendeten Browser hinzufügen und sucht dann ganz automatisch über Ecosia. Außerdem gibt es eine eigene Ecosia-App für iOS- und Android-Geräte. Die Nutzung der Apps ist kostenfrei.

Die Qualität der Suchergebnisse ist hoch. Ecosia verwendet eigene Algorithmen und nutzt zudem die Suchmaschine von Bing[12].

---

[12] Quelle: https://www.ecosia.org/

 **Nachhaltiger Stahlbeton wurde entwickelt**

Die globale Zementindustrie ist bisher einer der größten Emittenten von Treibhausgasen.

Die gute Nachricht:

Der japanische Baukonzern Taisei hat einen Beton vorgestellt, der den Klimawandel nicht nur nicht beschleunigen, sondern sogar bremsen soll. Das klingt absurd, ist aber Realität[13]:

"T-eConcrete / Carbon-Recycle" nennen die Entwickler ihr Verfahren, bei dem Kohlendioxid aus zum Beispiel Kraftwerken in Beton wiederverwendet und damit die CO_2-Bilanz des Betons ins Negative gedrückt wird.

Die Zahlen sind vielversprechend. Laut Taisei werden bei der Produktion von einem Kubikmeter Beton normalerweise zwischen 250 bis 330 Kilogramm des Treibhausgases frei.

---

[13] Quelle: Heise.de vom 25.02.2021 (https://www.heise.de/hintergrund/Japanischer-Baukonzern-entwickelt-nachhaltigen-Stahlbeton-5063923.html?utm_source=pocket-newtab-global-de-DE)

Doch mit der neuen Methode können nun für die gleiche Menge Beton 55 Kilogramm CO_2 gebunden werden – und dies dauerhaft. Gleichzeitig wird Hochofenschlacke verwendet, ein Nebenprodukt der Stahlproduktion.

Dafür greift Taisei das klimatische Grundübel von Beton an, die Zementproduktion. Es wird geschätzt, dass die globale Zementproduktion weltweit für acht Prozent der CO_2-Emissionen verantwortlich ist. Und der Grund liegt in der Produktionsmethode. Das wichtigste Material ist Kalkstein, dem oft noch weitere Stoffe zugemischt werden. Der Rohstoff wird dann fein gemahlen und auf 1450 Grad Celsius erhitzt, um Zementklinker herzustellen, der dann wieder fein gemahlen wird. Das Problem: Bei dem Produktionsprozess wird nicht nur CO_2 aus dem Kalkstein freigesetzt, sondern auch durch die Befeuerung der Öfen.

Eine bekannte Methode zur Treibhausgassenkung ist nun, den Zement durch Kalziumkarbonat zu ersetzen, das aus der Verbindung von Kalzium und Kohlendioxid hergestellt werden kann. Nur ist der damit hergestellte Beton klebriger, benötigt länger, um auszuhärten, und ist nicht so fest wie sein traditionelles Vorbild, erklären die Ingenieure von Taisei. Sie umgehen das Problem, in dem sie ein Bindemittel zusetzen, das hauptsächlich aus Hochofenschlacke besteht. Gleichzeitig wird damit die Kohlendioxidbilanz ins Minus gedrückt. (Ende des Auszugs)

Das ist eine wirklich gute Nachricht. Es bleibt nur zu hoffen, dass sich dieses Verfahren weltweit in der Zement- und Betonindustrie durchsetzt.

 **Amazon-Chef will das Klima retten**

Jeff Bezos, der US-amerikanische Tüftler, der in einer Garage in Seattle anfing, seine Marke „Amazon" zu einem global operierenden Handelsriesen auszubauen, hat sein Herz für die Rettung der Erde entdeckt. Nach einer Ankündigung vom Februar 2020 wird er ab dem Sommer zehn Milliarden Dollar aus seinem Vermögen dafür einsetzen, um Wissenschaftler, Aktivisten und NGO's zu unterstützen, die zum Klimawandel forschen bzw. sich für den Klimaschutz engagieren[14].

Da sein Vermögen auf rund 130 Milliarden US-Dollar geschätzt wird, kann er das gut verschmerzen, aber absolut gesehen ist das natürlich ein Betrag, mit dem man sehr viel für die Umwelt tun kann.

Ich bin sehr gespannt, wie das Geld eingesetzt wird und werde die weitere Entwicklung verfolgen.

---

[14] Quelle: Der Bote vom 19.02.2020, Seite 19

Nach seiner ersten Ankündigung will er mit anderen zusammenarbeiten, um sowohl auf bekannten Wegen schneller voranzukommen als auch neue Wege ergründen im Ringen für den Klimaschutz. Letzteres kann eigentlich nur das sogenannte „Geo-Engineering" betreffen.

Übrigens: Amazon ist bekanntlicherweise eines der Unternehmen, die von der Corona-Pandemie enorm profitiert haben. Ich könnte mir daher vorstellen, dass Jeff Bezos aus diesem Grund verstärkt unter Druck gerät und den bereits sehr großzügigen Betrag im Laufe des Jahres noch erhöhen wird.

Tesla akzeptiert keine Bitcoins mehr

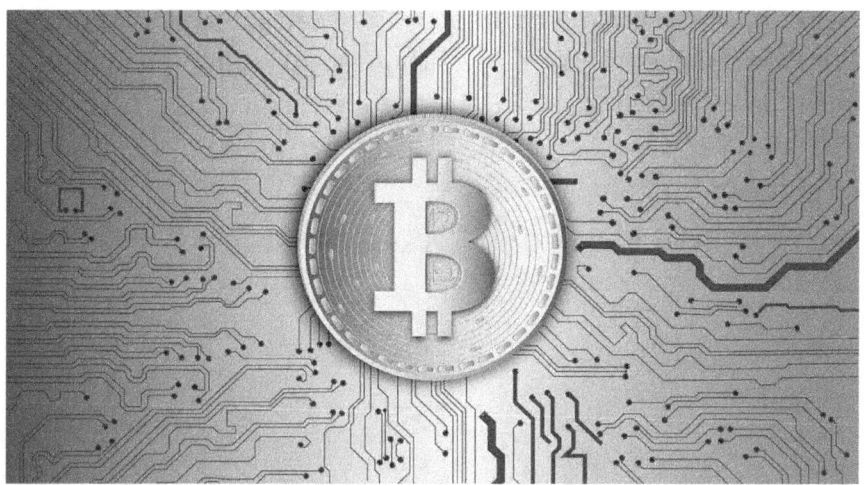

Kryptowährungen wie „Bitcoin" haben den Vorteil, dass sie Unabhängigkeit von Banken und Finanzkrisen bieten.

Doch dies wird zu einem sehr hohen Preis erkauft: Viele Server-Farmen, die zum Bitcoin-Mining im großen Stil genutzt werden, stehen in Ländern mit relativ geringen Stromkosten wie China oder Kasachstan. Hier stammt die Energie aber häufig aus vergleichsweise umweltschädlichen Quellen wie Kohle.

Laut dem „Bitcoin Energy Consumption Index" der Online-Plattform Digiconomist, die sich unter anderem für umweltfreundlichere Krypto-Technologien einsetzt, verbraucht Bitcoin derzeit in etwa so viel elektrische Energie wie die Niederlande. Der CO_2-Fußabdruck der Digitalwährung entspreche ungefähr dem Singapurs.

Der US-Elektroautobauer Tesla hat Zahlungen mit der Kryptowährung Bitcoin wegen Umweltbedenken angesichts des hohen Stromverbrauchs gestoppt. Der Konzern habe die Entscheidung wegen des rapide ansteigenden Verbrauchs von fossilen Brennstoffen für die Herstellung von und Transaktionen mit Bitcoins getroffen, erklärte Tesla-Chef Elon Musk bei Twitter. Vor allem, dass viel Kohleenergie dafür genutzt werde, sei bedenklich.

Dabei machte Musk klar, dass er grundsätzlich ein Fürsprecher der Branche bleibt: „Kryptowährung ist auf vielen Ebenen eine gute Idee und wir glauben an eine vielversprechende Zukunft, aber dies kann nicht zu großen Lasten der Umwelt gehen", hieß es in seinem Statement[15].

Tesla hatte erst im März 2021 begonnen, Bitcoins zum Kauf von Elektroautos zu akzeptieren.

---

[15] Quelle: Wirtschaftswoche vom 13.05.2021 (https://www.wiwo.de/unternehmen/industrie/kryptowaehrungen-tesla-stoppt-zahlungen-mit-bitcoins-wieder-musk-nennt-umweltbedenken-als-grund/27188072.html)

 **Verfahren zur CO2-Bindung werden entwickelt**

Die erschreckende Wahrheit: Nach dem neuesten Stand der Klimaforschung wird spätestens zum Ende dieses Jahrhunderts die befürchtete Klimakatastrophe eintreten, wenn die Menschheit das Problem „Erderwärmung" weiterhin so zögerlich angeht.

Wie kann das sein? Wir haben doch z.B. in der EU unseren CO2-Ausstoß von 1990 bis 2017 um 1.329 Millionen Tonnen CO2-Äquivalenten senken können[16].

Ja, aber im gleichen Zeitraum stieg der weltweite Ausstoß von Kohlenstoffdioxid von 22.718 auf 35.811 Millionen Tonnen[17].

Das ist sehr frustrierend, aber woran liegt das?

Ganz einfach: Das natürliche Bevölkerungswachstum und die gewollte wirtschaftliche Entwicklung der Schwellenländer kompensieren die Einsparungen der hochentwickelten Industrieländer,

---

[16] Quelle: Umweltbundesamt (https://www.umweltbundesamt.de/daten/klima/treibhausgas-emissionen-in-der-europaeischen-union#grosste-emittenten)

[17] Quelle: statista (https://de.statista.com/statistik/daten/studie/37187/umfrage/der-weltweite-co2-ausstoss-seit-1751/)

so dass die CO2-Belastung der Erde unter dem Strich nicht sinkt sondern sogar noch steigt.

Dazu kommt noch das Permafrost-Problem: Je mehr Erwärmung, desto mehr verlieren die Böden ihre Funktion als Kohlenstoffspeicher und gigantische Mengen von CO2 werden freigesetzt.

Welche Lehre muss die Menschheit daraus ziehen?

Nach Meinung von Experten wie Prof. Dr. Edenhofer, Direktor des Mercator Research Institute (MCC) in Berlin, reicht es nicht aus, wenn sich große Unternehmen und sogar Staaten das Ziel setzen, ihren CO2-Ausstoß bis 2030 oder 2050 bis auf Null zu senken.

Spätestens in der zweiten Hälfte des Jahrhunderts muss es uns zusätzlich gelingen, Treibhausgase aus der Atmosphäre zu entfernen!

Aber wie könnte das gehen? Naheliegend ist das, was wir alle kennen: Bäume pflanzen, denn Bäumer speichern bekanntermaßen CO2. Gut ist, dass es weltweit schon mehrere große Pflanzaktionen gibt.

Aber: Bäume wachsen nicht über Nacht und für die gigantischen Mengen, die wir als wirksamer CO2-Speicher bräuchten, brauchen wir auch gigantische Flächen und natürlich auch extrem viel Wasser. Wir brauchen daher einen Plan B.

Die gute Nachricht:

Wissenschaftler auf der ganzen Welt sind schon seit Jahren dabei, Verfahren zu entwickeln, mit denen das CO2 gebunden werden kann (in der Fachsprache nennt man das „Sequestrierung"). Die Technik dazu läuft unter dem Oberbegriff „Carbon Capture and Storage" (CCS).

Es gibt schon einige vielversprechende Ideen[18]:
- Durch „Bio-Energy with Carbon Capture and Storage" (BECCS) wird Biomasse in Kraftwerken verbrannt, CO2 abgeschieden und unterirdisch gespeichert.
- Beim „Direct Air Capture"-Verfahren (DAC) wird das CO2 durch Chemikalien aus der Luft gefiltert.
- Etwa ein Prozent der derzeitigen CO2-Emissionen lässt sich nach Ansicht von Experten langfristig auch als Rohstoff nutzen. Erste Pilotanlagen für Kraftstoffe und chemische Produkte gibt es bereits. Aus CO2 und H2 wird klimaneutrales Methan. Mit diesem Gas können Autos klimaneutral fahren.
- Mit Wiederaufforstung und Humusbildung lässt sich CO2 aus der Atmosphäre ebenfalls entziehen. Böden werden durch die Humusbildung fruchtbarer und binden langfristig CO2. Nach Einschätzung von Klima- und Energieexperte Hans-Josef Fell ist dieser natürliche Prozess jedoch zu langsam für die notwendige CO2-Reduktion. Fell wirbt für eine technologische Beschleunigung dieses natürlichen Prozesses. Bei der sogenannten hydrothermalen Karbonisierung (HTC) wird aus Planzenresten und Bioabfällen unter Druck Biokohle hergestellt, die anschließend in die Böden eingearbeitet werden kann. "Böden werden so sehr fruchtbar, Wüsten kann man damit wiederbegrünen und erodierte Flächen renaturieren", so Fell im DW-Interview. Erste Pilotanlagen gibt es bereits. Fell wirbt für Forschung und Förderung in diesem Sektor. Er sieht die Möglichkeit, so 200 Gigatonnen CO2 innerhalb von 30 Jahren aus der Atmosphäre zu entfernen. "Wir haben das mal durchgerechnet. Man bräuchte etwa acht Millionen hyd-

---

[18] Quellen: dw (https://www.dw.com/de/wie-co2-aus-der-atmosph%C3%A4re-entfernt-werden-kann/a-18100245) und Interview mit Prof. Dr. Edenhofer, Direktor des Mercator Research Institute (MCC) in Berlin, veröffentlich in dem Buch „Wenn nicht jetzt, wann dann" von Harald Lesch und Klaus Kamphausen

rothermische Karbonisierungsanlagen im größeren industriellen Stil. Dann könnten wir in dreißig Jahren diese Menge an CO2 aus der Atmosphäre herausholen und sicher in oberen Bodenschichten ablagern."

- Die wahrscheinlich vielversprechendste Möglichkeit wird derzeit schon in Island praktiziert: Im Rahmen des „CarbFix 2-Projekts" wird das Wasser eines Geothermiekraftwerks mit dem freigesetzten CO2 und Schwefelsulfat angereichert und dann wieder 700 Meter in die Tiefe gepumpt. Hier versteinert das CO2 innerhalb von rund 2 Jahren und ist dauerhaft gebunden. Alleine in Island ließen sich nach Angabe der beteiligten Wissenschaftler rund 400 Gigatonnen CO2 versteinern, das ist ungefähr die zehnfache Menge an CO2, die zurzeit weltweit jährlich emittiert wird. Noch sind allerdings die Kosten für das Verfahren sehr hoch.

Das klingt doch sehr gut. Ich werde die weitere Entwicklung beobachten.

Wovor Experten wie Prof. Harald Lesch und Klaus Milke von der Organisation „Germanwatch" allerdings warnen, ist „Geoengineering" in Form von globalen Experimeten, deren Folgen für die gesamte Biosphäre unseres Planeten nicht mehr kalkulierbar sind.

Unter „Geoengineering" versteht man großräumige technische Eingriffe in das Klimasystem der Erde. Weltweit wird dies bereits seit vielen Jahren diskutiert und jetzt auch erprobt. Auch namhafte Wissenschaftler nehmen die Möglichkeiten technischer Klimamanipulationen als Ergänzung zu CO2-Vermeidung durchaus ernst.

Einer der am häufigsten diskutierten Ansätze ist das Anpflanzen von Biomasse auf riesigen Flächen, um Kohlendioxid in den Pflanzen zu speichern. Nach der Ernte sollen die Pflanzenmassen verbrannt und die CO2-Emissionen aufgefangen und unterirdisch deponiert werden.

Der nächste Aufwuchs würde dann erneut große Mengen Kohlendioxid einfangen und so weiter. Auch der Weltklimarat (IPCC) hat diese Möglichkeit immer wieder diskutiert[19].

Eine andere Idee ist das „Solar Radiation Management" (SRM). Das ist eine Art von Klimatechnik, mit der das Sonnenlicht reflektiert und damit die globale Erwärmung verringert werden soll.

Wenn wir das alles in die Hände von seriösen Wissenschaftlern legen, besteht auch nicht die Gefahr, dass Eingriffe gemacht werden, deren Folgen für die gesamte Biosphäre unseres Planeten nicht mehr kalkulierbar sind.

Auch sehen manche die Gefahr, dass wir so weiterleben wie bisher, wenn die Wissenschaftler uns versprechen, dass man durch technische Eingriffe in das Klimasystem alle Probleme lösen könne.

Das ist sicher nicht von der Hand zu weisen. Aber ich glaube, dass Geoengineering eine große Chance bietet und die Staatengemeinschaft die Forschung zu Recht betreibt – parallel zu den Anstrengungen, den CO2-Ausstoß zu reduzieren.

Daher: Das eine tun und das andere nicht lassen! Ein fataler Fehler wäre es, sich alleine auf die Ingenieurskunst zu verlassen und so weiterzuleben wie bisher.

---

[19] Quelle: Le Monde diplomatique: Atlas der Globalisierung, "Die Klimamacher kommen", Seite 16-18

 **China startet nationalen Emissionshandel**

China hält den Negativrekord als weltweit größter Emittent von CO_2. Jetzt im Jahr 2021 gibt es endlich einen Lichtblick[20]:

Nach Jahren der Vorbereitung gab das chinesische Ministerium für Ökologie und Umwelt (MEE) am 5. Januar 2021 den Beginn der ersten Verpflichtungsperiode des nationalen Emissionshandelssystems (ETS) bekannt.

Damit werden 2.225 Unternehmen aus dem Energiesektor verpflichtet, ihre Emissionen zu messen und für jede ausgestoßene Tonne CO2 eine Emissionsberechtigung abzugeben.

Das nationale Emissionshandelssystem reguliert jährlich rund 3,5 Gigatonnen CO2 und ist damit größer als das europäische System EU ETS.

Zu Beginn werden die Berechtigungen auf der Grundlage von Benchmarks kostenlos zugeteilt. Unternehmen, deren Zuteilung

---

[20] Quelle: BMU vom 17.02.2021 (https://www.international-climate-initiative.com/de/news/article/china_startet_nationalen_emissionshandel)

nicht ausreicht, müssen Emissionsberechtigungen von anderen Unternehmen kaufen. Auf diese Weise erhalten CO2-Emissionen in China einen Preis. Das ist ein Meilenstein für die chinesische Klimapolitik und ein wichtiges Signal für den globalen Klimaschutz.

Der Aufbau des nationalen Emissionshandelssystems ist ein zentraler Bestandteil von Chinas nationalem Klimabeitrag (NDC) im Rahmen des Pariser Klimaschutzabkommens und soll dabei unterstützen die Klimaziele des Landes kosteneffizient zu erreichen. Im September 2020 hatte Xi Jinping angekündigt, dass der Scheitelpunkt der CO2-Emissionen vor 2030 und Kohlenstoffneutralität 2060 erreicht werden sollen.

Um dieser Erwartung gerecht zu werden, wird das Emissionshandelssystem zukünftig weiter ausgebaut und ambitionierter gestaltet werden müssen. Das MEE hat bereits angekündigt, dass schrittweise weitere Industriesektoren und die zivile Luftfahrt einbezogen werden sollen.

(Ende des Auszugs)

Das ist eine wirklich gute Nachricht!

Nicht nur für die chinesische Bevölkerung, die unter den Folgen der umweltschädlichen Kohleverbrennung tagtäglich leidet, sondern für die ganze Welt.

Wenn China es schafft, dadurch seine ausufernden Emissionen in den Griff zu bekommen, ist das der größte denkbare Schritt zur Abwendung der drohenden weltweiten Klimakatastrophe.

Die Weltbank unterstützt Weltpolitik

Die Weltbank bezeichnet im weiten Sinne die in Washington, D.C. angesiedelte Weltbankgruppe, eine multinationale Entwicklungsbank. Die Weltbankgruppe hatte ursprünglich den Zweck, den Wiederaufbau der vom Zweiten Weltkrieg verwüsteten Staaten zu finanzieren.

Die Weltbankgruppe umfasst die fünf Organisationen, die jeweils eine eigene Rechtspersönlichkeit besitzen.

Die gemeinsame Kernaufgabe dieser Institutionen ist es, die wirtschaftliche Entwicklung von weniger entwickelten Mitgliedstaaten durch finanzielle Hilfen, Beratung sowie technische Hilfe zu fördern und so zur Umsetzung der internationalen Entwicklungsziele. Sie dienen auch als Katalysator für die Unterstützung durch Dritte.

Die Weltbankgruppe hat im Geschäftsjahr 2008 38,2 Milliarden US-Dollar an Darlehen, Zuschüssen, Beteiligungen, Investitionen und Garantien an ihre Mitgliedstaaten sowie Privatinvestoren vergeben[21].

---

[21] Quelle: Wikipedia (https://de.wikipedia.org/wiki/Weltbank)

Einer der größten Erfolge der Weltbank konnte im Jahr 2016 publiziert werden:
Der Anteil der Ärmsten an der Weltbevölkerung ist zum ersten Mal seit Beginn der statistischen Erfassung unter die Zehn-Prozent-Marke gefallen!

Nach Berechnungen der Weltbank waren im Jahr 2015 "nur" 702 Millionen Menschen von extremer Armut betroffen - 9,6 Prozent der Weltbevölkerung. Im Jahr 2012 lag der Wert mit 902 Millionen oder 12,8 Prozent noch deutlich höher.

"Das ist heute die beste Nachricht, die wir der Welt heute zu bieten haben", zitiert die britische Zeitung Weltbank-Präsident Jim Yong Kim.

"Die Berechnungen zeigen, dass wir die erste Generation seit Menschengedenken sind, die extreme Armut auf der Welt beenden kann."[22]

An diesem Erfolg wird die Weltbank einen großen Anteil haben!

---

[22] Quelle: Spiegel online (https://www.spiegel.de/wirtschaft/soziales/weltbank-meldet-erfolge-in-der-bekaempfung-der-armut-a-1056152.html)

 **Indien wandelt sich**

CO_2 entsteht vor allem bei der Verbrennung fossiler Energieträger (Braunkohle, Steinkohle, Torf, Erdgas und Erdöl) durch Verkehr, Heizen, Stromerzeugung und Industrie. Es gibt vorbildliche Länder wie Deutschland, die den Ausstieg aus fossilen Brennstoffen zumindest angestoßen haben, aber leider gibt es viele andere große Länder wie China, die USA, Australien und Indien, die davon überhaupt noch nichts wissen wollen, obwohl sie die grüßten Nutzer von fossilen Brennstoffen sind.

Im Umkehrschluss bedeutet dies leider, dass alle Anstrengungen der restlichen Staaten vergeblich sind, wenn diese großen Verursacher sich nicht schnellstens regenerativen Energiequellen zuwenden.

Bislang scheiterten alle Appelle der Staatengemeinschaft entweder an der Einsicht (z.B. USA) oder an den finanziellen Möglichkeiten (z.B. Indien).

Hier die gute Nachricht:
Im Juli 2016 erklärte die Weltbank, dass sie Indien mit über einer Milliarde US-Dollar bei dem ehrgeizigen Plan unterstützen will, die Solarleistung des Landes bis zum Jahr 2022 auf 100 Gigawatt zu erhöhen.

Nach eigenen Angaben handelt es sich hierbei um die bislang größte Einzelinvestition der Weltbank für Solarenergie in einem Land.

Die indische Regierung verfolgt dank dieser Unterstützung nun das Ziel, bis 2030 rund 40 Prozent seines Strombedarfs aus erneuerbaren Energien zu beziehen. Dies wäre eine Verdreifachung des bisherigen Anteils regenerativer Energieträger[23].

So hat sich das Vorhaben bis heute entwickelt:
In weniger als vier Jahren hat Indien die installierte Solarstromkapazität von 2,6 GW auf 20 GW erhöht (Stand: Ende Januar 2018) – was der Kapazität von 23 Kernreaktoren entspricht.
Bis 2022 sollen die angestrebten 100 GW erreicht werden[24].

Ich bin sehr gespannt, ob die Ziele erreicht werden und werde die weitere Entwicklung beobachten.

---

[23] Quelle: OWC Außenwirtschaft (https://owc.de/2016/07/01/weltbank-unterstuetzt-indiens-solarplaene/)
[24] Quelle: BNP Paribas (https://investors-corner.bnpparibas-am.com/de/anlagestrategien/solarenergie-indien-erwacht/)

 ## Baumpflanzaktionen nehmen zu

Durch den "Holzhunger" der Menschheit (alleine für Bücher, Zeitungen, Zeitschriften und Klopapier brauchen wir alle täglich unendlich viel Papier), gibt es kaum noch Bäume.

Ist das so? Gottseidank nicht!

Trotz jahrhundertelanger Abholzung für allem für industrielle Zwecke wachsen derzeit immer noch rund drei Billionen Bäume auf unserem Planeten – doch wenn wir das Klima retten wollen, brauchen wir mehr!
Zu diesem Ergebnis kam eine Studie, die Forscher der ETH Zürich im Juli 2019 veröffentlichten.

Die gute Nachricht:
Wir können auf Erden problemlos eine weitere Billion Bäume pflanzen, ohne dafür Ackerflächen oder Städte zu beeinträchtigen.
Die "Trillion Tree Campaign" der gemeinnützigen Organisation "Plant for the Planet" und dem Umweltprogramm der Vereinten Nationen (UNEP) will genau das umsetzen und eine Billion Bäume pflanzen.

Diese Bäume können ein Viertel des jährlichen vom Menschen verursachten CO_2-Ausstoßes binden und unsere Erde um bis zu 1° Celsius abkühlen.

Ist das nicht eine anstrebenswerte Aufgabe?!

Die NGO hat dafür eine App entwickelt, bei der Nutzer für Aufforstung spenden oder Baumspenden verschenken können. Die Pflanzungen übernehmen verschiedene Organisationen.

Aber auch "Plant for the Planet" selbst besitzt eine Fläche in Yucata, Mexiko, auf der gespendete Bäume gepflanzt werden. Daneben können Unternehmen, Organisationen aber auch Einzelpersonen gepflanzte Bäume registrieren und so zur Aufforstung beitragen.

Ein Baumzähler zeigt an, wie viele Bäume weltweit bereits gepflanzt wurden. Momentan sind das fast 14 Milliarden Stück[25].

Ich werde die weitere Entwicklung beobachten.

---

[25] Quelle: Website von "Plant for the Planet" (https://www.plant-for-the-planet.org/de/informieren/baeume-sind-genial-2/baumweltkarte)

 **Kohleabbau wird stigmatisiert**

Die Nutzung von Braun-und Steinkohle als Energiequelle für Wirtschaft und Bevölkerung ist der größte negative Treiber für den Klimawandel. China, Indien Russland, die USA und das vergleichsweise kleine Polen stoßen am meisten CO_2 aus[26].

Die gute Nachricht:
Nach Angaben der Denkfabrik "Sandbag", die auf dem Gebiet der Klimapolitik aktiv ist, hat die Energieerzeugung aus Kohle im ersten Halbjahr 2019 so stark abgenommen wie noch nie seit der Jahrtausendwende. Um 19 Prozent ist sie den Daten zufolge gesunken. Sollte sich dieser Trend in der zweiten Jahreshälfte fortsetzen, würden sich die CO_2-Emissionen der Europäischen Union um 65 Millionen Tonnen verglichen zum Vorjahr verringern. Insgesamt ist der Verbrauch von Kohle seit Jahren rückläufig; seit 2012 hat er sich um knappes Drittel reduziert.

2019 haben fast alle EU-Staaten weniger von diesem fossilen Energieträger verfeuert.

---

[26] Quelle: Kohleatlas – Bund für Umwelt (https://www.bund.net/fileadmin/user_upload_bund/_migrated/publications/150601_bund_klima_energie_kohleatlas.pdf)

Zugenommen hat die Nutzung nur in Österreich, Slowenien und Bulgarien - auf relativ niedrigem Niveau[27].

Für Deutschland gibt es schon ein positives Fazit:
Die CO2-Emissionen sind im Jahr 2019 deutlich gesunken. Die Denkfabrik "Agora Energiewende" geht in ihrer Jahresauswertung davon aus, dass der Treibhausgasausstoß um 50 Millionen Tonnen oder sieben Prozent gegenüber 2018 zurückgegangen ist. Damit kommt Deutschland seinem Klimaschutzziel für das laufende Jahr überraschend doch noch nahe. Der Treibhausgas-Ausstoß liegt jetzt 35 Prozent unter dem von 1990. 40 Prozent Minus müssten es Ende 2020 sein[28].

Für eine weitere positive Entwicklung sollte auch das "Kohleausstiegs-Gesetz" sorgen. Leider hat die Bundesregierung nicht 1:1 umgesetzt, was die Kohlekommission beschlossen hatte. Dadurch werden wir Deutschen das Weltklima mit 134 Millionen Tonnen CO2 mehr belasten, als notwendig wäre[29].

Hintergrund sind die Festlegung eines abweichenden Fahrplans für den Kohleausstieg, die geplante Inbetriebnahme eines neuen Steinkohlekraftwerks und Milliardenentschädigungen für die Betreiber. Die von der Kohlekommission erzielten Kompromisse würden vor allem mit Blick auf den Klimaschutz und den Umgang mit den vom Braunkohletagebau betroffenen Menschen "grob verletzt", heißt es in der Stellungnahme der einstigen Kommissionsvorsitzenden Barbara Praetorius und anderer Mitglieder[30].

Gottseidank gibt es international bessere Nachrichten:

---

[27] Quelle: Spektrum.de (https://www.spektrum.de/news/kohle-mit-starkem-rueckgang/1662388)

[28] Quelle: Tagesschau.de vom 6.1.2020 (https://www.tagesschau.de/wirtschaft/co2-ausstoss-deutschland-101.html)

[29] Quelle: BUND, Artikel in „Natur+ Umwelt" 03/20

[30] Quelle: Tagesschau.de vom 21.01.2020 (https://www.tagesschau.de/wirtschaft/kohle-kommission-105.html)

Die im November 2017 am Rande der Weltklimakonferenz in Bonn gegründet Allianz für den Kohleausstieg ("Powering Past Coal Alliance") entwickelt sich gut. Sie umfasste anfangs 28 und jetzt 30 Staaten. Insgesamt bekennen sich darin mehr als 80 Akteure - also Regierungen, Regionen sowie Unternehmen - dazu, den Bau neuer Kohlekraftwerke zu stoppen, die internationale Kohlefinanzierung zu beenden, ein Datum für den Kohleausstieg festzulegen und ihre nationalen Klimaschutzmaßnahmen auf die Ziele des Pariser Klimaabkommens auszurichten.

Die 28 „Gründungsmitglieder" (Deutschland war bekanntermaßen nicht dabei) gehen sogar so weit, dass sie sich verpflichtet haben, bis spätestens 2030 vollständig auf die Kohleverstromung zu verzichten[31].

---

[31] Quelle: n-tv.de (https://www.n-tv.de/politik/Deutschland-tritt-Anti-Kohle-Allianz-bei-article21288199.html)

 **Nestlé will klimafreundlich werden**

Nestlé S.A. ist der weltgrößte Nahrungsmittelkonzern und das größte Industrieunternehmen der Schweiz.

Mit einem Umsatz von 90,8 Milliarden US-Dollar bei einem Gewinn von 8,7 Milliarden US-Dollar steht Nestlé laut den Forbes Global 2000 auf Platz 42 der weltgrößten Unternehmen (Stand: Mai 2019).

Allerdings: Wegen vieler Umweltvergehen, dem Vorwurf der Wasserausbeutung, Regenwaldzerstörung und ungesunder Babynahrung steht die Unternehmenspolitik von Nestlé immer wieder in der Kritik.

Die gute Nachricht:

Anscheinend vollzieht sich derzeit der Wandel vom „Saulus zum Paulus".

Das Unternehmen veröffentlich auf seiner Website folgendes:

„Bis 2030, also in den nächsten zehn Jahren, halbieren wir unsere Treibhausgas-Emissionen.

Und bis 2050 erreichen wir die «Grüne Null». Weltweit, in allen Werken und mit all unseren Marken. Mit anderen Worten: Wir verkleinern unseren ökologischen Fußabdruck, bis wir keine Spuren mehr hinterlassen – vom Feld bis in den Laden.

Wie? Wir senken den Ausstoß von CO2 und Co. radikal – im gesamten Unternehmen und entlang der gesamten Lieferkette.

Wir unterstützen 500.000 Bauern, auf einen bodenschonenden regenerativen Ackerbau umzustellen. Das ist gut für das Klima und langfristig auch für das Einkommen der Bauern. Wir erhalten Landschaften – wie Moore – die dabei helfen Kohlenstoff aus der Luft zu binden und pflanzen über 200 Millionen Bäume bis 2030. Außerdem stellen wir bis 2025 weltweit auf 100 Prozent Öko-Strom um.

All das setzen wir gemeinsam um; mit unseren mehr als 30.000 Partnern – vor Ort in Deutschland und rund um den Erdball. Dafür investieren wir allein bis 2025 3,2 Milliarden CHF.

Unser Weg zur «Grünen Null» fußt auf drei zentralen Säulen. Hinter jeder dieser Säulen stehen viele konkrete Maßnahmen und vor allem die Motivation von 290.000 Mitarbeiter:innen: Auf Null bis 2050 – dafür geben wir 100 Prozent.

Säule 1: Regenerative Landwirtschaft fördern

Wir arbeiten eng zusammen mit Landwirt:innen, Lieferanten und den Gemeinden, aus denen unsere Rohstoffe stammen. Und wir starten Projekte, die unser Öko-System schützen und Biodiversität fördern. Wie das funktioniert:

- *500.000 Landwirt:innen unterstützen wir bei bodenschonender Landwirtschaft, um das Klima zu schützen und die Lebenssituation unserer Partner zu verbessern. Denn gesunde Böden können nicht nur mehr Wasser, sondern auch CO2 speichern.*
- *Wir pflanzen 20 Millionen Bäume pro Jahr bis 2030.*

- *1,2 Milliarden Schweizer Franken investieren wir in den nächsten fünf Jahren, um regenerative Landwirtschaft zu fördern*

Säule 2: Arbeitsschritte neu denken

Um unser Ziel – die «Grüne Null» – zu erreichen, werden wir die Art und Weise, wie wir Lebensmittel herstellen und transportieren, entscheidend verändern:
Bis 2025 stellen wir auf 100 Prozent Öko-Strom um – für alle 800 Nestlé Standorte.
Unsere eigene Fahrzeugflotte stellen wir bis 2022 auf umweltfreundlichere Alternativen um; wie Elektro- oder Wasserstoff-Fahrzeuge.

Säule 3: Produktpalette neu ausrichten

«Gut für den Menschen und gut für den Planeten» – so machen wir unsere Produkte fit für die Zukunft. Dafür nutzen wir Know-How und Ressourcen (z.B. das Nestlé Research Center):
Wir verwenden umweltfreundlichere Zutaten, die einen kleineren CO_2-Fußabdruck haben – zum Beispiel in unseren pflanzenbasierten Produkten.
Immer mehr unserer Marken werden klimaneutral. Beispiel gefällig? Unsere Garden Gourmet-Produkte und Nespresso-Kapseln schaffen das bis 2022.

(Ende des Auszugs).

Das klingt fast zu schön, um wahr zu sein. Ich werde die weitere Entwicklung beobachten und darüber berichten, ob das nur Absichtserklärungen sind oder ob Nestlé sind tatsächlich drastisch verändert.

Corona-Pandemie unterstützt indirekt den Kampf gegen den Klimawandel

Bereits kurz nach Beginn der weltweiten „Lock-Downs" wurden Stimmen laut, die in der Corona-Krise eine große Chance für den Kampf gegen den Klimawandel sahen. Im Juni 2020 präsentierte das international anerkannte Klima-Portal „Climate Change News"[32] konkretere Ergebnisse:

„Die täglichen Kohlendioxidemissionen aus dem Energieverbrauch und der Schwerindustrie gingen Anfang April weltweit um 17% zurück, wie Wissenschaftler geschätzt haben.

Da die Regierungen das Reisen einschränkten, um die Ausbreitung von Covid-19 einzudämmen, wurden die Emissionen aus der Luftfahrt um bis zu 75% gesenkt und der Straßenverkehr in einigen Ländern halbiert. Die Emissionen im Zusammenhang mit der Haushaltsnutzung stiegen im Vergleich zum Tagesdurchschnitt

---

[32] Homepage: https://www.climatechangenews.com/

2019 um 5%. Die am Dienstag veröffentlichte Studie prognostizierte einen Rückgang der jährlichen Emissionen um 4 bis 7% von 2019 bis 2020, je nachdem, wie eingeschränkt die Bewegung der Menschen für den Rest des Jahres ist". (Zitat Ende)

Der erhoffte große positive Effekt auf die Erderwärmung trat also nicht ein, da CO2-Einsparungen durch erhöhten CO2-Ausstoß an anderer Stelle teilweise wieder kompensiert wurden. Aber die Welt hat erlebt, was machbar ist und was sich wie auswirkt. Das ist nach meiner Meinung eine unschätzbar wertvolle Erkenntnis. Jetzt wird es an uns allen liegen, wie wir nach überstandener Krise damit umgehen.

Alleine dadurch, dass viele Arbeitgeber und viele Beschäftigte erstmals erlebt haben, wie praktikabel Home-Office bei Bürotätigkeiten einsatzbar ist, wird sich die Arbeitswelt deutlich verändern und zwangsläufig (und dauerhaft) zu CO2-Einsparungen führen.

Enorme Auswirkungen auf die globalen Bemühungen zur Bekämpfung des Klimawandels hat die Art und Weise, wie China seine Wirtschaft nach der Corona-Pandemie wieder aufbaut.

Das international anerkannte Klima-Portal „Climate Change News"[33] äußert sich in einem Artikel vom 22.05.2020 vorsichtig optimistisch:

„Ein Regierungsbericht vor dem Nationalen Volkskongress ab Freitag gab einige Hinweise darauf, wie Chinas Erholung aussehen wird. Am auffälligsten ist, dass es in diesem Jahr zum ersten Mal seit Jahrzehnten kein BIP-Wachstumsziel mehr gibt. Unter Berufung auf die durch Covid-19 verursachte Unsicherheit sagte der Ministerpräsident, er werde stattdessen der Beschäftigung Priorität einräumen und die Armut lindern.

---

[33] Homepage: https://www.climatechangenews.com/

Klima-Beobachter sind vorsichtig optimistisch, was bedeutet, dass China nicht versuchen wird, die Zahlen durch den traditionellen Weg der Investitionen in schmutzige Energieinfrastruktur und Schwerindustrie zu steigern. Auf der anderen Seite wird kein besonderer Schwerpunkt auf eine „grüne" Erholung gelegt, und im März wurden fünf neue Kohlekraftwerke genehmigt". (Zitat Ende)

Ein sehr positives Signal, aber sicher noch kein klimapolitischer Durchbruch. Wichtig ist, wie die Wirtschaft nach der Krise wieder „hochgefahren" wird. Ein „weiter so" darf es auf keinen Fall geben!

Ich werde die weitere Entwicklung beobachten.

„Atmosfair" bietet Lösung für umweltgerechte Flugreisen

Alle umweltbewussten Menschen des 21. Jahrhunderts befinden sich in einem Dilemma:

Einerseits wollen sie ihr Leben im Rahmen ihrer Möglichkeiten genießen, andererseits sind sie sich bewusst, dass der Lebensstil in den reichen Industriestaaten dafür verantwortlich ist, dass unsere Welt auf eine Klimakatastrophe zusteuert.

Was tun? Die konsequente Lösung wäre ein vollständiger Verzicht aller Aktivitäten, die CO2-intensiv sind. Das würde u.a. alle Flugreisen betreffen. Aber ist das wirklich zumutbar?

Viele Länder sind für viele Menschen nur mit dem Flugzeug erreichbar und Reisen in ferne Länder sind ein wichtiger Teil der Lebensqualität.

Wir brauchen daher eine Alternative zum totalen Verzicht.

Die Non-Profit-Organisation „atmosfair" hat eine Lösung[34]:

Flugpassagiere zahlen freiwillig einen von den Emissionen abhängigen Klimaschutzbeitrag, den atmosfair dazu verwendet, erneuerbare Energien in Ländern auszubauen, wo es diese noch kaum gibt, also vor allem in Entwicklungsländern. Damit spart atmosfair CO_2 ein, das sonst in diesen Ländern durch fossile Energien entstanden wäre. Und gleichzeitig profitieren die Menschen vor Ort, da sie häufig zum ersten Mal Zugang zu sauberer und ständig verfügbarer Energie erhalten, ein Muss für Bildung und Chancengleichheit.

Das hört sich im ersten Moment wie ein moderner Ablasshandel an. Und tatsächlich geht es in diese Richtung. Im Mittelalter konnte die römisch-katholische Kirche durch einen Gnadenakt Sündenstrafen erlassen (nicht dagegen die Sünden selbst vergeben). Voraussetzung war eine Spende in angemessener Höhe.

So ist es auch bei atmosfair. Jeder, der eine Flugreise macht, muss wissen, dass er der Umwelt damit schadet. Diese „Sünde" kann ihm auch atmosfair nicht „vergeben". Aber durch die Spende in angemessener Höhe wird der Schaden zumindest teilweise kompensiert.

Keine perfekte Lösung, aber deutlich besser als das, was wir alle in der Vergangenheit getan haben: Fliegen ohne Rücksicht auf die Umwelt.

---

[34] Quelle: Website von atmosfair (https://www.atmosfair.de/de/)

 ## Software-Nachrüstung für Diesel-Pkw ist fertig

Der Schadstoffausstoß von Diesel-Pkw trägt weltweit maßgeblich zum Klimaproblem bei. Während nach Bekanntwerden des "Diesel-Skandals" die in die USA exportierten Modelle mit der Betrugssoftware schnell umgerüstet wurden, hat sich die Autoindustrie in Deutschland lange widersetzt und ist dadurch dafür verantwortlich, dass jahrelang noch unzulässig hohe Schadstoffwerte emittiert wurden.

Dadurch hat die vormals den Weltmarkt anführende deutsche Automobilindustrie nicht nur ihren Ruf ruiniert, sondern auch die Gesundheit aller Menschen, die in Deutschland in Ballungsgebieten leben, beeinträchtigt.

Die erste gute Nachricht:
Die von den deutschen Autobauern versprochene Software-Nachrüstung von 5,3 Millionen älterer Diesel-Autos ist jetzt im Dezember 2019 mit einem Jahr Verspätung endlich geschafft!

Die zweite gute Nachricht:

Der Zeitverzug wird dadurch ausgeglichen, dass die Stickoxid-Emissionen (NOx) nicht nur – wie angepeilt – im Schnitt um 30 Prozent, sondern um beachtliche 60 Prozent gesenkt werden konnten.

Dies übrigens nicht nach Angaben der Autohersteller (solchen Angaben würde keiner mehr trauen) sondern nach Messungen des Kraftfahrtbundesamtes (KBA)[35].

---

[35] Quelle: dpa-Meldung, veröffentlicht in "Der Bote" vom 15.01.2020

 **Staatsverfassung räumt der Natur eigene Rechte ein**

„Macht euch die Erde untertan" heißt es in der Bibel und viele Menschen haben dies wörtlich genommen. Erst jetzt im 21. Jahrhundert merken wir alle schmerzlich, dass das so nicht gemeint sein konnte.

Sofern Gott tatschlich wollte, dass der Mensch „sich die Erde untertan" macht, dann aber sicher mit Sinn und Verstand. Und nicht mit der Vergiftung von Flüssen, Seen und Böden.

Die gute Nachricht:

Das Verfassungsgericht in dem von Umweltskandalen gebeutelten südamerikanischen Land Ecuador hat im Dezember 2021 in einem aufsehenerregendem Prozess entschieden, dass die verbrieften Rechte der Natur einzuhalten sind (Ecuador hatte in seiner Verfassung von 2008 als erstes Land der Welt die Natur als Rechtssubjekt anerkannt, ihre unveräußerlichen Rechte aufgenommen und deren Verletzung justiziabel gemacht).

Anlass für die Entscheidung des höchsten Gerichts waren aktuelle Vorhaben zum Abbau von Kupfer und Gold im andinen Nebelwald von Los Cedros. Dies sei verfassungswidrig und verstoße gegen die Rechte der Natur.

Der höchste Gerichtshof Ecuadors stellte "die Verletzung der Rechte der Natur des Bosque Protector Los Cedros als Rechtssubjekt" fest.

Zudem erklärten die Verfassungsrichterinnen und -richter "mit Nachdruck, dass die Rechte der Natur, wie alle in der ecuadorianischen Verfassung verankerten Rechte, volle normative Kraft haben und nicht nur Ideale oder rhetorische Erklärungen, sondern gesetzliche Vorgaben sind".

Elisa Levy von der Umwelt- und Sozialbeobachtungsstelle für den Bergbau im Norden Ecuadors (Omasne) bezeichnete das Urteil als historisch und betonte, dass es auf alle Bergbau- und Erdölprojekte im Land angewendet werden könnte, "bei denen es nie ein ordnungsgemäßes Verfahren für die Erteilung von Konzessionen gab", und die daher laut dem neuen Beschluss des Verfassungsgerichts illegal sind.

Das 1988 geschaffene Nebelwaldreservat "Reserva Biológica Los Cedros" gehört zur Chocó-Biosphäre, die auch Teile Kolumbiens und Perus umfasst. Es ist eine der artenreichsten Gegenden der Erde mit einer einmaligen Flora und Fauna[36] (Ende des Auszugs).

---

[36] Quelle: amerika21.de (https://amerika21.de/2021/12/255888/ecuador-verfassungsgericht-rechte-natur)

 **Kopenhagen als Vorbild für Klimaneutralität in Städten**

Kopenhagen will die erste klimaneutrale Hauptstadt der Welt werden. Auf dem Weg dahin sind die Dänen bereits ein gutes Stück vorangekommen. Inzwischen orientiert sich die gesamte Stadtplanung an diesem Ziel. Seit 2009 arbeitet man an dem Plan, die Stadt grüner und CO2-neutral zu machen. Seitdem ist viel geschehen[37]:

- ✓ Überall sieht man Windräder rund um Kopenhagen. Andernorts lösen sie Kritik aus - hier stört sich kaum einer daran. Angetrieben vom Ostseewind liefern die Turbinen den Großteil der Energie für die Stadt - saubere Energie.
- ✓ Im neugebauten Viertel Nordhavn, dem alten Hafenviertel, kann man sehen, wie nachhaltige Stadtplanung funktionie-

---

[37] Quelle: ntv.de (https://www.n-tv.de/panorama/Wie-Kopenhagen-klima-neutral-werden-will-article21196916.html)

ren kann. Auch bei Gebäuden achtet die Stadt auf den Klimaschutz - mit intelligenten Fassaden. Das Ziel für alle Häuser ist es, 20 Prozent weniger Energie zu verbrauchen.
- ✓ Ein riesiges blaues Gebäude ist eines der Vorzeigeprojekte. Die Internationale Schule von Kopenhagen. Die Schule ist mit Solarpaneelen verkleidet - also vertikal. Die gesamte Fassade besteht aus Solarmodulen. Die Schule produziert ihren eigenen Strom.
- ✓ Die Energieproduktion ist der wichtigste Bereich des Klimaplans von Kopenhagen. 98 Prozent der Haushalte der Stadt sind an das Fernwärmenetz angeschlossen.
- ✓ Dazu trägt selbst der Müll bei. Täglich bringen bis zu 300 Lastwagen Abfall in die neue Verbrennungsanlage Amager Bakke. Bei der Müllverbrennung wird Wärme erzeugt, die reicht für etwa 72.000 Haushalte aus und liefert zusätzlich auch noch für Strom für 30.000 Haushalte.
- ✓ Damit Ruß und Stickoxide im Gegenzug aber nicht die Luft verpesten, wurden hochmoderne Filteranlagen eingebaut. Wir säubern den Rauch, bevor er in die Luft steigt", sagt Pressesprecher Sune Scheibye. Seit 2017 ist die Anlage in Betrieb.
- ✓ Christoffer Greisen vom Forschungsprojekt EnergyLab hat sein Auto vor Jahren abgeschafft. Mit dem Rad kommt er besser und preiswerter durch. Und natürlich viel umweltfreundlicher. Nicht einmal jeder dritte Haushalt in Kopenhagen hat überhaupt noch ein Auto.
- ✓ Der öffentliche Nahverkehr ist vorbildlich. Im Berufsverkehr stauen sich an der Ampel mehr Fahrräder als Autos. Dabei werden immer neue Brücken und Schnellwege für Radler gebaut. Der Verkehr soll fließen, aber nur auf zwei Rädern. Die Autos sollen aus der Innenstadt verbannt werden. Jeder Parkplatz kostet Geld.
- ✓ Wir arbeiten viel an den Essensplänen in den Kantinen und Kindergärten, sagt der für das Projekt verantwortliche dänische Stadtplaner Jørgen Abildgaard. Wir wollen erreichen,

dass 90 Prozent des Essens ökologisch nachhaltig produziert wird und wir sind kurz davor, das zu erreichen."

Das alles gehört eben zum Plan, Kopenhagen bis 2025 CO_2-neutral zu machen und damit Vorbild für andere Städte weltweit zu sein. Die Bürger sollen dabei nicht extra belastet werden. Sicher mit ein Grund, warum die rund 620.000 Kopenhagener mehrheitlich hinter dem Klimaplan stehen.

Es sind hunderte Einzelprojekte und Jørgen Abildgaard verliert als Projektleiter nicht den Überblick: "Kopenhagen ist zwar nur eine kleine Großstadt, aber für uns ist das wichtig, weil wir es im globalen Kontext sehen. Die Bevölkerung weltweit wächst vor allem in den Städten. Und wenn wir nicht anfangen, etwas zu machen, wenn wir nicht nachhaltig in die Zukunft investieren, dann werden wir nicht in der Lage sein, den Klimawandel aufzuhalten."

Die besonders gute Nachricht:
Kopenhagen soll ein Modell für andere größere Städte sein, deshalb kommen viele Besucher aus aller Welt - sogar aus China. Kopenhagen soll der Anfang sein. "Wir wollen zeigen, dass es in einer Stadt wie Kopenhagen möglich ist, das zu erreichen."

Drohnen unterstützen Indigene als „Hüter des Amazonas"

Die indigene Bevölkerung Brasiliens umfasst eine Vielzahl verschiedener ethnischer Gruppen, die das Gebiet des heutigen Brasilien schon vor der Eroberung durch die Portugiesen im Jahr 1500 bewohnten. Zusammenfassend wurden die indigenen Völker Südamerikas lange auch mit dem Sammelbegriff „Indianer" bezeichnet. Heute wird, die Bezeichnung „Indigene" bevorzugt[38].

---

[38] Quelle: Wikipedia Stand Januar 2022 (https://de.wikipedia.org/wiki/Indigene_Bev%C3%B6lkerung_Brasiliens)

Indigene sind in Brasiliens einem immerwährenden Kampf gegen die illegale Rodung von Regenwald in ihren Gebieten ausgesetzt. Nach dem jährlichen Bericht des Indigenistischen Missionsrats „Cimi" kam es im Jahr 2020 zu mehr als 300 Fällen physischer Gewalt gegen Indigene und 182 wurden sogar ermordet.

Die gute Nachricht:

Die indigene Bevölkerung wird jetzt im Umgang mit Drohnen geschult, um Umweltverbrechen schneller und einfacher zu entdecken und Heimat und Klima zu schützen.

Die Vereinigung „Kaninde", bekannt dafür, indigene Belange und den Schutz des Regenwaldes im brasilianischen Amazonasgebiet zu vertreten, bietet Kurse an, unterstützt von der Umweltschutzorganisation WWF. Hier werden drei Tage lang Indigene im Umgang mit Drohnen geschult, um Messungen vorzunehmen, Bilder auszuwerten – und so ihr Gebiet aus der Luft erfassen und überwachen zu können[39].

Kaninde-Koordinator Valle spricht von einer Zeit „vor und nach den Drohnen". „Vorher haben wir Satelliteninformationen genutzt, die immer etwas Verspätung hatten. Wenn wir an der Stelle ankamen, war sie oft schon abgebrannt".

---

[39] Quelle: Der Bote vom 17.11.2021, Seite 28

 **Miyawaki-Pflanzungen verbesern in Großstädten die Luft**

Fast alle Großstädte leiden darunter, dass sie zu wenige Grünflächen mit naturnahem Bewuchs haben, und gerade der wäre für Mensch und Tier so wichtig. Reine Rasenflächen bringen aus ökologischer Sicht relativ wenig.

In dicht besiedelten Städten ist es natürlich schwierig, Platz für einen neuen großen Park zu finden, oft ist es einfacher, viele kleinere aber zusammenhängende Naturräume zu schaffen.

Die gute Nachricht:

Es gibt eine Lösung, die „Miyawaki-Methode".

Sie ist eine der effizientesten Aufforstungsmethoden und kann sehr kleinräumig angewendet werden. Sie wurde weltweit durch das Engagement des Inders Shubhendu Sharma bekannt. Das von ihm ins Leben gerufene Projekt Afforestt setzt die Miyawaki-Methode bereits seit 2011 erfolgreich ein und hat schon über 138 Wälder in 10 Ländern aufgeforstet.

Das sind die Kernpunkte der Methode[40]:
- Bis zu 30-fach höhere Individuendichte als in herkömmlichen Pflanzungen.
- Mindestens 25 verschiedene einheimische Arten wurden in demselben Gebiet gepflanzt.
- Wesentlich bessere Geräusch- und Staubreduzierung der Umwelt.
- Bis zu 30-fach bessere Kohlendioxidabsorption im Vergleich zu einer Monokulturplantage.
- Wachstum von mindestens 1 Meter pro Jahr.
- Nach circa drei Jahren entsteht ein völlig autarker, natürlicher und einheimischer Wald.
- Es kann komplett auf Kunstdünger verzichtet werden, der neue Wald ernährt sich selbst und unterstützt die lokale Artenvielfalt.

Bereits etwa 100 Quadratmeter reichen aus, um einen Miyawaki-Wald anzulegen. Die Aufforstung ist allerdings sehr aufwändig: Die Erde muss aufgelockert und mit Kompost, Holzspänen oder Stallmist angereichert werden. Erfahrungsgemäß finden sich aber schnell freiwillige Helfer, die sich gerne als aktive Naturschützer engagieren.

Auch in Deutschland hat die Idee Anklang gefunden. Hier wurde im März 2020 in Brandenburg der erste Mini-Wald gepflanzt. Mit 700 Quadratmetern ist der "Wald der Vielfalt" einer der größeren Exemplare und beherbergt 33 heimische Baumarten, vor allem Ahorn, Buche, Eiche, Esche und Linde.

Nach ein paar Jahren hofft man feststellen zu können, welchen Einfluss Mini-Wälder auf die Luft- und Bodenqualität und die Artenvielfalt haben, und ob sie den Wärmeinseleffekt in den Städten eindämmen können. Das Ganze klingt aber meines Erachtens sehr vielversprechend!

---

[40] Quelle: Citizens Forests (https://www.citizens-forests.org/miyawaki-methode/)

 **Ein peruanischer Bauer führt eine Klima-Musterklage**

Bisher scheiterten Umweltschützer mit Musterklagen gegen Klimasünder. Der Fall eines peruanischen Bauern, der vor einem deutschen Gericht verhandelt wird, könnte das ändern:

Die Klage des Kleinbauern Saúl Luciano Lliuya gegen den deutschen Energiekonzern RWE zeigt, wie die biblische Geschichte von David gegen Goliath im Zeitalter des Klimawandels neu erzählt werden könnte. Die Geschichte begann am Rande der UN-Klimakonferenz 2014. Damals reisten Vertreter der Umweltschutzorganisation „Germanwatch" von Lima ins 450 Kilometer entfernte Huaraz in die peruanischen Anden und trafen dort Menschen, die sich von einem Gletschersee bedroht fühlten.

Saúl Luciano Lliuya ist auch Bergführer, er beobachtet seit Jahren, wie steigende Temperaturen den nahegelegenen Gletscher zum Schmelzen bringen.

Sollte der See, den er speist, eines Tages überlaufen, wäre die Existenz von 120.000 Anwohnern bedroht, auch die von Lliuya.

Mit Hilfe von Germanwatch kam Lliuya mit einer deutschen Anwältin in Kontakt. "Wir unterstützen Saúl Lucianos Klage, weil es sich um eine dem Gemeinwohl dienende Musterklage handelt", so Roxana Baldrich von der deutschen NGO.

Es hätte Dutzende Emittenten treffen können, doch in diesem Fall traf es RWE. Der Energieriese pustet jährlich mehr als 100 Millionen Tonnen CO_2 in die Atmosphäre, er ist der zweitgrößte Emittent Europas. Dass er in Peru gar nicht agiert, spielt keine Rolle.

Im November 2017 kam die Sensation: Das Oberlandesgericht Hamm ordnete nach einer mündlichen Verhandlung die Beweisaufnahme an. Das war mehr, als die Umweltaktivisten erwartet hatten. Denn zum ersten Mal wurde ein solcher kausaler Zusammenhang für juristisch relevant erklärt. "Damit wurde Rechtsgeschichte geschrieben", sagt auch im Nachhinein die Grünenpolitikerin Claudia Roth, die sich mit dem Fall Huaraz politisch beschäftigt.

Noch ist unklar, ob und wann die peruanische Regierung die Beweisaufnahme des deutschen Gerichts vor Ort zulässt. Dort müsste ein unabhängiger Gutachter die wissenschaftliche Bewertung vornehmen. "Er muss vor Ort bewerten, ob das Flutrisiko für die Bewohner, darunter für Saúl Luciano Lliuya, jetzt schon hoch genug ist", so Noah Walker-Crawford von der britischen Universität Manchester. Erst wenn das gelingt, fängt die eigentliche juristische Schlacht an. Der Prozess fordert dem Kläger finanziell einiges ab. Nachdem das Oberlandesgericht Hamm die Beweisaufnahme vor Ort angeordnet hatte, musste ein Vorschuss von 100.000 Euro an das Gericht überwiesen werden - für Gutachten- und Reisekosten nach Peru. Die Rechnung hat die Stiftung Zukunftsfähigkeit bezahlt, ebenso wie sie bisher die Anwaltskosten trägt. Diese ist seit Jahren mit Germanwatch eng verbunden.

Auch für RWE steht mehr als ein juristischer Streit auf dem Spiel. Der Konzern führt den größten eigenen Wandel seiner Firmengeschichte durch: Bis 2040 will er klimaneutral werden, weshalb er derzeit in Imagekampagnen investiert. Gleichzeitig weist er jede Mitverantwortung für eine klimabedingte Existenzbedrohung peruanischer Bauern von sich. Es sei nach geltendem Recht nicht vorgesehen, "dass einzelne Emittenten für allgemein verursachte und global wirkende Vorgänge wie den Klimawandel haften".

"Wenn es einen Klagedruck auf große Unternehmen gibt, dann gibt es auch Druck auf die Politik", so Roxana Baldrich von Germanwatch. Sollte es bei Huaraz funktionieren, dürfte die Geschichte von David und Goliath in der Moderne für Nachahmer sorgen[41].

Ein bemerkenswerter Fall, der globale Bedeutung hat! Ich werde die weitere Entwicklung beobachten.

---

[41] Quelle: dw.com (https://www.dw.com/de/peruanischer-bauer-klagt-gegen-energiekonzern-rwe/a-51536628)

Ohrfeige für die deutsche Regierung: Das Bundesverfassungsgericht erzwingt mehr Klimaschutz

Die deutsche Bundesregierung unter Führung der Kanzlerin Angela Merkel hat in den letzten zwei Jahrzehnten immer wieder behauptet, sie tue alles Menschenmögliche zur Bekämpfung des Klimawandels. Führende Wissenschaftler haben das immer bezweifelt und zuletzt ist sogar die Jugend unter Greta Thunbergs Führung auf die Straße gegangen, um gegen die Klimapolitik der schwarz-roten Regierung zu protestieren.

Genützt hat es so gut wie nichts.

Erst im April 2021 kam der Paukenschlag: Das Bundesverfassungsgerichts (BVG) entschied, dass das deutsche Klimaschutzgesetz von 2019 zu kurz greife. Es fehlten ausreichende Vorgaben für die Emissionsminderung ab 2031, erklärten die Richter. Der Gesetzgeber müsse nachbessern.

Das deutsche Klimaschutzgesetz aus dem Jahr 2019 sei in Teilen nicht mit den Grundrechten vereinbar. Es fehlten ausreichende Vorgaben für die Minderung der Emissionen ab dem Jahr 2031, teilte das Bundesverfassungsgericht mit. Verfassungsbeschwerden mehrerer Klimaschützerinnen und Klimaschützer waren damit zum Teil erfolgreich.

Da in dem Gesetz lediglich bis zum Jahr 2030 Maßnahmen für eine Emissionsverringerung vorgesehen sind, würden die Gefahren des Klimawandels auf Zeiträume danach und damit zulasten der jüngeren Generation verschoben, so die Richter. Einen Anstieg der globalen Durchschnittstemperatur wie geplant auf deutlich unter zwei Grad und möglichst auf 1,5 Grad zu begrenzen, sei dann nur mit immer dringenderen und kurzfristigeren Maßnahmen machbar. Damit würden die zum Teil sehr jungen Beschwerdeführenden in ihren Freiheitsrechten verletzt.

"Von diesen künftigen Emissionsminderungspflichten ist praktisch jegliche Freiheit potenziell betroffen, weil noch nahezu alle Bereiche menschlichen Lebens mit der Emission von Treibhausgasen verbunden und damit nach 2030 von drastischen Einschränkungen bedroht sind", heißt es in der Erklärung. Zur Wahrung grundrechtlich gesicherter Freiheit hätte der Gesetzgeber Vorkehrungen treffen müssen, "um diese hohen Lasten abzumildern". Von "Vorkehrungen zur Gewährleistung eines freiheitsschonenden Übergangs in die Klimaneutralität" ist die Rede. Daran fehle es bislang.

Die Richter verpflichteten den Gesetzgeber nun, bis Ende 2022 die Minderungsziele der Treibhausgasemissionen ab 2031 besser zu regeln.

Geklagt hatten vor allem junge Menschen, die dabei von mehreren Umweltverbänden unterstützt wurden. Mehrere Kläger sind auch in der Fridays-for-Future-Bewegung aktiv.

Das ist doch eine wirklich gute Nachricht!

Es ist zwar absolut traurig, dass unser höchstes Gericht die untätige Bundesregierung zum Handeln verpflichten musste, obwohl hunderte von Wissenschaftlern das gleiche jahrelang erfolglos einforderten, aber jetzt geschieht endlich etwas!

Schade ist auch, dass die jahrelang untätige schwarz-rote Koalition nicht die Suppe auslöffeln muss, sondern die Nachfolgeregierung. Aber auch das kann man verkraften, wenn jetzt endlich konsequent für den Klimaschutz gehandelt wird.

Die neue Bundesregierung hat auf ihrem Weg zur Klimaneutralität im Jahr 2045 jetzt mehrere Zwischenstufen gesetzt:

Bis 2030 sollen die CO_2-Emissionen im Vergleich zum Jahr 1990 um 65 Prozent reduziert werden.

Bis 2040 sollen sie bereits um 88 Prozent gegenüber dem Vergleichsjahr zurückgegangen sein.

Ich bin sehr gespannt, wie das erreicht werden soll, aber immerhin gibt es jetzt anspruchsvolle Ziele.

Historischer Sieg gegen einen der größten Umweltsünder der Welt

Die gute Nachricht gleich vorab:

Der Ölkonzern Shell wurde in Den Haag dazu verurteilt, seinen CO_2-Ausstoß bis 2030 deutlich zu verringern. Geklagt hatten Umweltschützer. Der Richterspruch könnte einen bedeutenden Präzedenzfall schaffen.

Was ist genau passiert?

In den Niederlanden haben Umweltschützer vor Gericht einen Sieg errungen: Der Ölkonzern Shell, der seinen Hauptsitz in Den Haag hat, muss seinen CO_2-Ausstoß bis 2030 deutlich reduzieren.

Das Urteil verpflichtet das Unternehmen dazu, seine Emissionen bis 2030 im Vergleich zu 2019 um 45 Prozent zu verringern. Shell müsse "seinen Beitrag leisten im Kampf gegen gefährlichen Klimawandel", so die Entscheidung der Richter. Denn das Unternehmen trage mit seinem Geschäft zu den "schlimmen" Folgen des Klimawandels für die Bevölkerung bei und sei "verantwortlich" für enorme Mengen an ausgestoßenen Treibhausgasen.

Im Jahr 2019 hatten insgesamt sieben Umweltorganisationen, darunter auch Greenpeace und die niederländische Organisation Milieudefensie, die Klage gegen den Konzern eingereicht, die von mehr als 17.000 Bürgerinnen und Bürgern unterstützt wurde. Gemeinsam forderten sie von Shell, das Pariser Klimaabkommen umzusetzen. Die Umweltschützer warfen dem Unternehmen vor, pro Jahr etwa neun Mal mehr CO_2 auszustoßen als der Staat Niederlande selbst.

Das Urteil bezeichneten die Umweltschützer als "historische" Entscheidung. Greenpeace sprach von einem "Paukenschlag für die Ölindustrie", denn das Urteil reiche weit über Shell hinaus und warne jedes Unternehmen, "dass Geschäftsmodelle auf Kosten von Natur und Klima nicht länger zulässig sind".

Shell hingegen zeigte sich von der Entscheidung des Gerichts enttäuscht und kündigte Berufung gegen das Urteil an. Bereits die Klage hatte das Unternehmen stets als "unangemessen und ohne gesetzliche Grundlage" kritisiert. Der Konzern verwies darauf, dass er bereits jetzt Milliarden Euro in den Klimaschutz investiere und sich zum Ziel gesetzt habe, bis 2050 emissionsfrei zu arbeiten.

Doch den Richtern des Bezirksgerichts in Den Haag ging das nicht weit genug. Die von Shell beschlossenen Klimaschutz-Maßnahmen seien "wenig konkret und voller Vorbehalte".

Das Argument des Ölkonzerns, ein Urteil im Sinne der Umweltorganisationen würde ihn zwingen, seinen Verkauf von fossilen Brennstoffen in kurzem Zeitraum rasch zu verringern, ließ das Gericht nicht gelten.

Stattdessen stellten die Richter klar, dass ihr Urteil "ab sofort" gelte - und zwar nicht nur für den Mutterkonzern, sondern auch für die Zulieferer und Endabnehmer von Shell. Doch hier differenzierten die Richter: Shell ist nur in den eigenen Unternehmen direkt dafür verantwortlich, den CO_2-Ausstoß zu senken. Dazu zählen Zulieferer und belieferte Betriebe nicht.

Hier gilt für Shell eine sogenannte Best-Effort-Verpflichtung. Das Unternehmen muss also sein Bestmöglichstes tun, um diese Firmen ebenfalls zu mehr Anstrengungen für einen besseren Klimaschutz zu bewegen.

Das Urteil könnte mit Blick auf andere Klimaklagen wegweisend sein und einen Präzedenzfall schaffen. Weltweit nehmen die Klagen für mehr Engagement in Sachen Umweltschutz zu.

Die London School of Economics zählte zwischen 1986 und Mai 2020 rund 1600 Klimaprozesse - die meisten davon in den USA. Einen regelrechten Boom von Klimaklagen registrierten die Forscher 2019, angetrieben durch die zunehmenden Klimaproteste durch "Fridays for Future" oder "Extinction Rebellion" sowie die dadurch geschaffene öffentliche Aufmerksamkeit[42].

---

[42] Quelle: Tagesschau vom 26.05.2021 (https://www.tagesschau.de/wirtschaft/unternehmen/klimaschutz-shell-prozess-101.html)

 **Chinas „Grüne Mauer" schafft Wälder aus Wüsten**

In Peking gibt es jedes Jahr mehrmals Alarm wegen drohender Atemprobleme, wenn ein Sandsturm aus dem Norden Wüstensand mitbringt. Dieses Problem betrifft hauptsächlich den Norden, wo die Grenzen zu den chinesischen Wüsten liegen. Durch die Desertifikation (Verwüstung) verliert die Volksrepublik jedes Jahr 2.500 km² Fläche (etwa die Fläche des Saarlands).

Dadurch werden nicht nur 100 Millionen Menschen in China bedroht, sondern es ergeben sich auch negative Auswirkungen auf das Weltklima. Die Sandstürme, die die Chinesen poetisch auch „gelbe Drachen" nennen, sind so kräftig, dass bereits an der Westküste der USA Staub aus China gefunden wurde[43].

Die gute Nachricht:
Die chinesische Regierung hat ein wirksames Gegenmittel gefunden.

---

[43] Quelle: Wikipedia (https://de.wikipedia.org/wiki/Chinas_Gr%C3%BCne_Mauer)

In einem Schutzgürtel durch 14 Provinzen werden mit einer Länge von über 4.500 km und einer Breite von mehreren 100 km Bäume, Büsche und Gräser angepflanzt - eine Mauer aus Wald.

Das Projekt „Grüne Mauer" wurde Im Jahr 1978 begonnen und soll noch bis 2050 fortgesetzt werden. Bis dahin sollen 350.000 Quadratkilometer Land bepflanzt sein, eine Fläche von der Größe der Bundesrepublik Deutschland.

Der Name des Projektes leitet sich von der parallel verlaufenden „Großen Mauer" ab. Gemeinsam ist die Schutzfunktion: Während die „Große Mauer" Schutz gegen die Völker aus dem Norden bot, soll die „Grüne Mauer" Wüstenstürme zurückhalten.

 **"Cradle to Cradle" fördert ein neues Denken**

Die in den 1990er-Jahren entworfene Philosophie "Cradle to Cradle" (C2C) plädiert dafür, dass wir unsere grundlegende Umwelt-Denkweise verändern:
Alle Verbrauchsgüter, die naturgemäß einer Abnutzung ausgesetzt sind, sollten konsequent für biologische Kreisläufe gestaltet werden. Gebrauchsgüter sind dagegen keiner Abnutzung ausgesetzt und sollten kontinuierlich in technischen Kreisläufen zirkulieren, sodass eine Rückführung gelingt.

Die "C2C-Denkschule" begründet dies wie folgt:

"Wir haben die Böden vergiftet, die Luft verpestet, die Meere überfischt, die Wälder gerodet. Dass wir Menschen angesichts dieser Bilanz als Umweltbelastung wahrgenommen werden, erscheint zunächst logisch. Allerdings verleitet es dazu, die Menschheit als Widerspruch zur Natur wahrzunehmen, als Schädling, der seinen Fußabdruck reduzieren muss.

Daraus resultiert, dass viele Menschen ihr Handeln mit negativen Folgen assoziieren und sich hauptsächlich damit beschäftigen, es zu beschränken – mit Reduktion, Verzicht und der Beschreibung eines negativen ökologischen Fußabdruckes. Aber warum nur weniger schlecht sein, wenn wir auch gut sein können?

Wir möchten, dass der Mensch als kreatives Wesen seine Fähigkeiten nutzt, positiv für Mensch und Umwelt zu handeln! In der C2C Denkschule ist der Mensch ein Nützling und Teil der Natur. Wir leben in ihr, agieren mit ihr und gehören als Lebewesen zu ihr. Wir sprechen daher weder von Herrschaft über die Natur noch von „Mutter Natur", sondern von einer Partnerschaft mit der Natur. So tragen wir unseren Teil bei, haben ebenso das Recht zu existieren und zu handeln. Es braucht ein Wachstum von Intelligenz und Kreativität, um einen positiven Fußabdruck der Menschheit zu gestalten und diesen zu vergrößern. Dass dies möglich ist, zeigt die Praxis: Fabriken, aus denen das Wasser sauberer herausfließt, als es hineingeflossen ist; Häuser, die mehr Energie erzeugen, als sie verbrauchen; landwirtschaftliche Betriebe, welche die Böden nicht verwüsten, sondern karge Wüstenböden fruchtbar machen; Produkte, die mit gesunden Materialien für Kreisläufe gestaltet werden.

Lasst uns also einen positiven Fußabdruck hinterlassen! Lasst uns die Ketten alter Denkmuster sprengen, um alles um uns herum von Anfang bis (Neu-)Anfang zu denken und zu gestalten, von der Wiege zur Wiege"[44].

Wenn man diese Gedanken konsequent umsetzt, verliert auch der zu erwartende Bevölkerungszuwachs seinen Schecken, so C2C-Mastermind Prof. Dr. Michael Braungart:

"Mehr Menschen auf der Erde sind keine Risiko, sondern im Gegenteil, sie bieten mehr Chancen, um die Verhältnisse zu verbessern".

---

[44] Quelle: https://c2c-ev.de/c2c-konzept/denkschule/

Relativiert wird auch der latente Vorwurf an alle Konsumenten, sie müssten doch ab sofort im Interesse der Umwelt weniger Fleisch essen, weniger fliegen, weniger Kreuzfahrten machen, weniger SUV fahren usw.:
"*Schädliche Verhaltensweisen werden nicht nützlich, wenn man sie weniger ausübt. Man verlangsamt nur die Schädigung*".

Auch den erhobenen Zeigefinger können wir lassen:
"*Wir brauchen kein Moraldenken sondern ein Qualitätsdenken!*"

Umdenken dürfen wir auch hinsichtlich des vielzitierten ökologischen Fußabdrucks: "*Der ökologische Fußabdruck darf ruhig groß sein, wenn er der C2C-Philosophie entspricht*".

Was wir aber unbedingt erreichen müssen, sind echte Innovationen: "*Nicht das Bestehende optimieren, sondern alles neu erfinden!*"

Die gute Nachricht:
Das klingt alles reichlich utopisch, aber offensichtlich funktioniert es, denn es gibt weltweit bereits 11.000 C2C-Produkte!

Einen ähnlichen Ansatz verfolgt übrigens das Amsterdamer Unternehmen „StoneCycling"[45]. Im Sinne einer konsequenten Kreislaufwirtschaft wurden seit der Unternehmensgründung im Jahr 2013 Lösungen entwickelt, wie praktisch alle Baumaterialien, die bisher auf dem Müll landeten, recycelt und vollständig wiederverwendet werden können. Dadurch entstehen neue Häuser praktisch aus Bauschutt.

Wussten Sie übrigens, dass die Textilindustrie mehr CO2 produziert als der Flugverkehr?[46] Hier besteht daher großer Handlungsbedarf, aber gleichzeitig bestehen große Chancen, um CO2 zu vermeiden. „Recycling" ist eine Lösung.

---

[45] Quelle: Homepage von StoneCycling (https://www.stonecycling.com/)
[46] Quelle: FOCUS Heft 36/2020, Seite 104-106

Aber damit ist nicht das gemeint, was derzeit mit vielen Klamotten gemacht wird:

Sie landen früher oder später im Müll oder über den Umweg von Altkleidersammlungen in Afrika, wo es keine geregelte Abfallentsorgung gibt.

Aus Shirts und Jeans kann man Cellulose herauslösen und wiederverwenden. Nicht nur für Kleidung, auch die Industrie braucht den Zellstoff.

Jetzt erst im 21. Jahrhundert gibt es innovative Firmen in Österreich und Finnland, die Methoden entwickelt haben, um Baumwolle und Viskose zu recyceln.

Die EU hat dies gottseidank erkannt und will ressourcenintensive Industrien wie die Textil- und Baubranche künftig kreislauffähig machen. Ab 2025 müssen Altkleider in allen Mitgliedstaaten gesondert gesammelt werden.

Beeindruckende Beispiele dafür, wie wir in Zukunft mit den Ressourcen unseres Planeten umgehen müssen!

Initiative „Wir transformieren Bayern" als Vorbild für die Welt

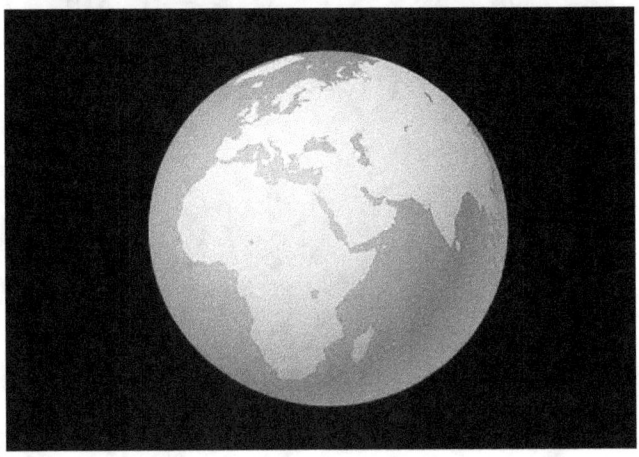

Die Petition und das Bündnis „Bayernplan für eine soziale und ökologische Transformation" plädiert, die Corona-Pandemie nicht isoliert zu sehen, sondern im Kontext anderer, ebenso dringlicher sozialer und ökologischer Herausforderung wie Ungleichheit, Artensterben oder Klimawandel. Das Bündnis fordert deshalb die Prüfung, wie die Milliardenhilfen zur Bekämpfung der Folgen der Corona Pandemie bestmöglich auch für einen sozialgerechten und ökologisch nachhaltigen Umbau im Freistaats Bayern verwendet werden können.

Ein Dialogprozess könnte die besten Lösungen identifizieren und finanzieren sowie Bewusstsein und Bereitschaft für eine gesamtgesellschaftliche Umsetzung stärken[47].

Die gute Nachricht:

Die Initiative wird getragen von 113 Organisationen und Institutionen sowie 5500 Einzelpersonen aus allen Bereichen der Gesellschaft.

Genau so müsste es auf der ganzen Welt laufen. Die Initiative wirbt zu Recht mit dem Slogan: „Wenn wir die Welt verändern wollen, müssen wir in Bayern anfangen".

Jeder kann die Initiative unterstützen (siehe Homepage).

---

[47] Quelle: Homepage von „Wir Transformieren Bayern" (https://www.wir-transformierenbayern.de/fileadmin/Dateien/Bayernplan/Aktuelles/PM_210318.pdf)

Humanität

Gewalt geht zurück

In der Welt herrscht immer mehr Gewalt! Wer würde dieses Statement nicht unterschreiben?! Es ist aber falsch.

Genau das Gegenteil ist der Fall.

Der renommierte Psychologe Steven Pinker von der Harvard University erklärt in einem Interview[48], dass die Gewalt auf der Welt im Lauf der Jahrhunderte immer weiter abgenommen hat:

"Die Zahlen zeigen, dass die Gewalt stetig zurückgegangen ist, seit wir Messwerte haben. Wenn wir die Tötungsdelikte in verschiedenen Regionen der Welt und in verschiedenen Phasen der Geschichte zählen und wenn wir sie mit den Bevölkerungszahlen in Beziehung setzen, dann sehen wir Kurven, die einen deutlichen Rückgang zeigen. Wahrscheinlich leben wir in der am wenigsten gewalttätigen Zeit der gesamten Menschheitsgeschichte".

---

[48] Quelle: Spektrum.de (https://www.spektrum.de/news/immer-weniger-gewalt-in-der-welt/1559618)

Insgesamt sieht Steven Pinker die Menschheit auf einem guten Weg:

"Wenn wir zurückblicken, sind wir heute in der Lage, Möglichkeiten zu finden, die Gewalt einzudämmen und niedrig zu halten. Ein starker demokratischer Staat mit unabhängiger Justiz, die Meinungs- und Gedankenfreiheit, die Rechte der Frauen, freier Warenverkehr und Freizügigkeit – all diese Faktoren tragen zum menschlichen Fortschritt bei und haben sich bei der Befriedung von Gesellschaften bewährt.

Darüber hinaus gibt es weitere ermutigende Indikatoren. Ich glaube zum Beispiel, dass wir auch in Zukunft weitere Maßnahmen entwickeln müssen, die dafür sorgen, dass wir menschliches und tierisches Leben mehr wertschätzen. Sobald wir uns einen Moment von den dramatischen Schlagzeilen der Fernsehnachrichten abwenden, stellen wir fest, dass wir in einer Welt leben, die mehr auf Sicherheit bedacht ist denn je.

Autos sind sicherer als in der Vergangenheit, auch Flugzeuge, überall gelten immer strengere Normen für die Sicherheit beim Transport oder für Lebensmittel.

Ich hoffe, dass Erkenntnisse und Wissen dazu beitragen, diese Sachverhalte möglichst vielen Menschen bekannt zu machen, damit sich die Tatsache verbreitet, dass eine weniger gewalttätige Welt möglich ist und dass wir die Mittel, um sie zu erreichen, immer besser kennen". (Auszug Ende)

Diese Einschätzung stimmt mich sehr hoffnungsvoll, denn Steven Pinker ist nicht irgendein Wissenschaftler. Er wurde 2004 vom Time-Magazin als einer der 100 weltweit einflussreichsten Wissenschaftler und Denker bezeichnet und außerdem von "Prospect und Foreign Policy" 2005 bzw. 2006 in deren Listen nach Umfragen der 100 wichtigsten öffentlichen Intellektuellen aufgenommen.

Der Internationale Strafgerichtshof gewinnt Glaubwürdigkeit

Der Internationale Strafgerichtshof (IStGH) ist ein ständiges internationales Strafgericht mit Sitz in Den Haag (Niederlande) außerhalb der Vereinten Nationen. Er ist für 123 Staaten (60 % aller Staaten der Erde) zuständig.

Länder wie China, Indien, USA, Russland, Türkei und Israel haben das Römische Statut entweder gar nicht unterzeichnet, das Abkommen nach der Unterzeichnung nicht ratifiziert oder ihre Unterschrift zurückgezogen.

Seine Zuständigkeit umfasst Kernverbrechen des Völkerstrafrechts, nämlich Völkermord, Verbrechen gegen die Menschlichkeit und Kriegsverbrechen. Gegenüber der nationalen Gerichtsbarkeit ist seine Kompetenz zur Rechtsprechung nachrangig; er kann eine Tat nur verfolgen, wenn eine nationale Strafverfolgung nicht möglich oder staatlich nicht gewollt ist[49].

Dadurch, dass die Großmächte von Anfang an nicht bereit waren, sich der Gerichtsbarkeit des IStGH zu unterwerfen, sprachen viele von einem „zahnlosen Tiger".

Die gute Nachricht:
Dies scheint sich jetzt zu ändern, denn der IStGH hat kürzlich den Weg für Ermittlungsverfahren zu mutmaßlichen Kriegsverbrechen in Afghanistan freigemacht. Die Richter urteilten, dass auch Ermittlungen gegen Angehörige des US-Geheimdienstes CIA möglich seien. Auch zu vermeintlichen Kriegsverbrechen in mutmaßlich geheimen Gefangenenlagern der US-Streitkräfte außerhalb von Afghanistan darf die Anklage nun offiziell ermitteln[50].

US-Präsident hat natürlich wie zu erwarten im Vorfeld mit Gegenmaßnahmen gedroht.

Ich bin sehr gespannt, wie sich das entwickelt.

---

[49] Quelle: Wikipedia (https://de.wikipedia.org/wiki/Internationaler_Strafgerichtshof)

[50] Quelle: dpa-Meldung vom März 2020

 **Schlag gegen die Mafia in Europa**

Die 'Ndrangheta gilt als Italiens mächtigste Mafia-Organisation. Beheimatet ist sie in der Region Kalabrien, der Spitze des italienischen "Stiefels". Sie dominiert den internationalen Drogenhandel, verdient ihr Geld aber auch mit Waffengeschäften, Geldwäsche, im Bausektor und in anderen Wirtschaftszweigen.

Die italienischen Behörden schätzen, dass die 'Ndrangheta weltweit rund 20.000 Mitglieder hat. Über ihre genauen Strukturen und ihr Vermögen ist aber nur wenig bekannt. Der kalabrische Staatsanwalt Nicola Gratteri, der wegen seiner Ermittlungen gegen die 'Ndrangheta seit mehr als 30 Jahren unter Polizeischutz steht, schätzt ihren Jahresumsatz auf mehr als 50 Milliarden Euro - ein Großteil davon stammt demnach aus dem Kokainhandel[51].

Die gute Nachricht:

Im Mai 2021 ist der deutschen und der italienischen Polizei ein bedeutender Schlag gegen die kalabrische Mafia gelungen:

---

[51] Quelle: tagesschau.de (https://www.tagesschau.de/ausland/europa/razzia-kalabrische-mafia-101.html)

Ermittler durchsuchten mehrere Räume von Süditalien bis Norddeutschland und vollstreckten dutzende Haftbefehle.

Rund 800 Ermittler waren bei der "Operation Platinum" im Einsatz - mit Erfolg: Bei Großrazzien im Kampf gegen die Mafia haben Ermittler in Deutschland und Italien mehr als 80 Objekte durchsucht und mehrere Verdächtige festgenommen. Man gehe davon aus, dass die Gruppe Beziehungen zur kalabresischen 'Ndrangheta habe, teilten die Staatsanwaltschaft Konstanz und das Polizeipräsidium Ravensburg mit. Den Verdächtigen wird unter anderem Kokain-Handel mit mehreren Hundert Kilo vorgeworfen.

In Deutschland lag der Schwerpunkt der Razzien in der Bodenseeregion. Wie italienische Anti-Mafia-Ermittler mitteilten, gab es auch Razzien in Rumänien und Spanien. Insgesamt wurden den Angaben zufolge 31 Personen festgenommen.

Die Verdächtigen sollen neben dem Kokainhandel in Deutschland Umsatzsteuerhinterziehung in großem Stil betrieben haben[51].

 **Durch die richtige Berufswahl Gutes tun**

Stellen Sie sich vor, Sie sind mit dem Studium fertig und möchten mit ihrem ersten Job nicht nur Geld verdienen, sondern vor allem etwas machen, das ihnen moralisch ein gutes Gefühl gibt.

Kein Problem? Doch, für viele Menschen ist das ein Problem, da es für die Berufswahl unter diesem Aspekt kaum professionelle Beratung gibt.

Seit 2015 ist das anders: Der Startup-Beschleuniger „Y Combinator" finanzierte die gemeinnützige Organisation „80.000 Hours". Sie hat ihren Sitz in London und erforscht, welche Berufe die größten positiven Auswirkungen auf die Gesellschaft haben und bietet auf der Grundlage dieser Forschungen Berufsberatung an (als Beratung auf ihrer Website, in ihrem Podcast sowie in persönlichen Beratungsgesprächen). Die Organisation gehört zum Centre for Effective Altruism, das dem Oxford Uehiro Centre for Practical

Ethics angegliedert ist. Der Name der Organisation bezieht sich auf die typische Zeit, die jemand im Laufe seines Lebens mit Arbeiten verbringt und das sind 80.000 Stunden.

Laut 80.000 Hours sind einige Karrieren, die darauf abzielen, Gutes zu tun, viel effektiver als andere. Sie bewerten Probleme, auf deren Lösung sich Menschen konzentrieren können, nach ihrem "Ausmaß", ihrer "Vernachlässigung" und ihrer "Lösbarkeit", während Karrierewege nach ihrem Potenzial für unmittelbare soziale Auswirkungen, danach, wie gut sie jemanden darauf vorbereiten, später etwas zu bewirken, und nach der persönlichen Eignung für den Leser bewertet werden.

Es werden sowohl indirekte Wege in Betracht gezogen, um etwas zu bewirken, wie z. B. "Earning to give" (ein hohes Gehalt in einer konventionellen Karriere verdienen und einen großen Teil davon spenden), als auch direktere Wege, wie z. B. die wissenschaftliche Forschung oder die Gestaltung der Regierungspolitik.

Der Moralphilosoph Peter Singer erwähnt in seinem TED-Talk "The why and how of effective altruism", in dem er die Arbeit von 80.000 Hours erörtert, das Beispiel des Bank- und Finanzwesens als potenziell einflussreiche Karriere durch solche Spenden.

80.000 Hours konzentriert sich in erster Linie auf die Beratung talentierter Hochschulabsolventen im Alter zwischen 20 und 40 Jahren.

Die Organisation vertritt die Auffassung, dass die Verbesserung der langfristigen Zukunft eine moralische Priorität ist, da es eine große Anzahl von Menschen gibt, die in der Zukunft existieren werden oder könnten. Dementsprechend wendet die Organisation beträchtliche Mittel für Maßnahmen auf, von denen man annimmt, dass sie langfristige Auswirkungen haben, wie z. B. die Verhinderung eines Atomkriegs oder einer besonders schweren Pandemie, die Verbesserung der Beziehungen zwischen China und den Vereinigten Staaten oder die Verbesserung der Entscheidungsfindung in großen Organisationen.

80.000 Hours hat empfohlen, "Earning to Give" zu betreiben, d. h. eine gut verdienende Karriere zu verfolgen und einen bedeutenden Teil des Einkommens an kosteneffektive Wohltätigkeitsorganisationen zu spenden. Diese Empfehlung ist mit einiger Skepsis aufgenommen worden. Pete Mills argumentierte in der Oxford Left Review, dass 80.000 Hours auf quantifizierbare Methoden des guten Tuns ausgerichtet ist, wie z. B. das Verdienen, um zu spenden, da die Wahrscheinlichkeit, einen sozialen Wandel herbeizuführen, schwer zu quantifizieren ist.

Im Laufe der Zeit hat 80.000 Hours das "Verdienen, um zu spenden" zugunsten alternativer Wege wie Forschung, Lobbyarbeit oder politische Reformen zurückgedrängt und begonnen, Arbeit an Problemen zu empfehlen, die sich weniger leicht quantifizieren lassen[52].

---

[52] Quelle Wikipedia (in Englisch) Stand Januar 2022 (https://en.wikipedia.org/wiki/80,000_Hours)

Armutsbekämpfung ist erfolgreich

Das Problem, dass große Teile der Bevölkerung arm sind, begleitet die Menschheit seit jeher.

Die gute Nachricht:
Die Armut hat weltweit massiv abgenommen. Lebten vor 200 Jahren noch 90% der Menschen unter der Armutsgrenze, sind es heute nur noch unter 10%[53].

Die Tendenz ist positiv, in den letzten 20 Jahren hat sich der Anteil der in extremer Armut lebenden Weltbevölkerung mehr als halbiert.

Der schwedische Medizinprofessor und Bestsellerautor ("Factfulness") Hans Rosling glaubt, dass die Zahl der extrem Armen, die von weniger als 1,25 US-Dollar am Tag leben müssen, in den nächsten zehn, fünfzehn Jahren gegen Null geht[54].

---

[53] Quelle: Website von Max Roser „Our world in data" (https://ourworldindata.org/)

[54] Quelle: Anna, Hans und Ola Rosling: «Factfulness. Wie wir lernen, die Welt so zu sehen, wie sie wirklich ist», Ullstein, 2018.

 ## Das Bildungsniveau nimmt zu

Etwa zwei Drittel aller Menschen leben in "Entwicklungsländern". Damit meint man alle wenig entwickelten Staaten Afrikas, Asiens, Süd- und Mittelamerikas sowie der Karibik und Ozeaniens. Eine Grundbildung wirkt sich gerade in diesen Ländern dramatisch positiv aus: Die Chancen, dass man eine angemessene Arbeit findet und sein Leben selbst finanzieren kann, steigen deutlich. Auch findet mit höherem Bildungsniveau in der Regel auch eine "Familienplanung" statt, so dass der Anteil kinderreicher Familien zurückgeht.

Die gute Nachricht:
Konnte im Jahr 1800 nur jeder zehnte Mensch lesen und schreiben, ist es heute umgekehrt - nur jeder zehnte Mensch ist Analphabet[55].

---

[55] Quelle: Anna, Hans und Ola Rosling: «Factfulness. Wie wir lernen, die Welt so zu sehen, wie sie wirklich ist», Ullstein, 2018.

Das sind immer noch 750 Millionen Menschen, zwei Drittel davon sind Frauen.

Aber der Trend ist positiv, da internationale Anstrengungen unternommen werden, um das Ziel der Globalen Nachhaltigkeitsagenda zu erreichen, zu dem sich die Weltgemeinschaft verpflichtet hat:

„Bis 2030 den Erwerb ausreichender Lese-, Schreib- und Rechenfähigkeiten für alle Jugendlichen und für einen erheblichen Anteil der Erwachsenen sicherstellen"[56].

Ich werde die weitere Entwicklung beobachten.

---

[56] Quelle: UNESCO (https://www.unesco.de/bildung/bildungsbiografie/erwachsenenbildung/welttag-der-alphabetisierung-2019)

 **Philanthropie wird populärer**

Jeder denkt nur an sich und nicht an diejenigen, die unter sehr ungünstigen Rahmenbedingungen leben müssen.

Ist das so? Nein.

Die gute Nachricht:
Der "Deutsche Fundraising Verband" (DFRV) hat nach seinen neuesten Berechnungen festgestellt, dass die Deutschen freigiebiger sind, als angenommen[57]:

Das Volumen privater Spenden liege ungefähr bei 12 Milliarden EURO jährlich. Hinzu kämen Unternehmensspenden, die laut einer Studie der Bertelsmann-Stiftung bei 9,5 Milliarden EURO liegen. Zudem müsse auch die Kirchernsteuer einbezogen werden, da man freiwillig Mitglied sei – also weitere 12,4 Milliarden EURO.

---

[57] Quelle: Der Spiegel, Nr. 48 / 23.11.2019

Der Gesamtspendenumsatz liege damit bei jenseits von 30 Milliarden EURO

Noch wesentlich spendabler sind laut DFRV-Chefin Larissa Probst allerdings die US-Amerikaner. In den USA werde pro Kopf etwa zweieinhalbmal so viel gespendet wie in Deutschland.

Potential sieht die Verbandschefin in Deutschland vor allem bei den wohlhabendsten zehn Prozent der Bevölkerung.

Superreiche Amerikaner wie Microsoft-Gründer Bill Gates, die Investoren-Legende Warren Buffett, Facebook-Gründer Mark Zuckerberg und Larry Ellison von Oracle, haben gezeigt, dass sie große Unternehmen aufbauen und erfolgreich führen können und daneben das Gemeinwohl im Blick haben. Sie treten nach und nach einen Großteil ihres Vermögens an eine von Bill Gates initiierte Stiftung ab. Die "Bill & Melinda Gates Foundation" ist an den Einlagen gemessen die mit Abstand größte Privat-Stiftung der Welt. Seit der Gründung wurden insgesamt 36,7 Mrd. US-Dollar an Zuschüssen gezahlt. Die Zuschüsse flossen in alle 50 Bundesstaaten der USA und in mehr als 100 Länder[58].

Bill Gates und Warren Buffet sind allerdings nicht nur großzügige Spender, sondern sie haben das geschafft, wovon man als Philanthrop nur träumen kann:

Im Jahr 2009 luden sie einige Milliardäre zu einem Abendessen nach New York ein. Bei dieser Veranstaltung wurde darüber gesprochen, welche Wohltaten für die Allgemeinheit man bereits geleistet hatte und wie man die Philanthropie weiter voranbringen könnte. Konkrete Schritte wurden jedoch noch nicht beschlossen. Diese entwickelten sich erst während zahlreicher weiterer Treffen in den folgenden Monaten.

---

[58] Quelle: Wikipedia (https://de.wikipedia.org/wiki/Bill_%26_Melinda_Gates_Foundation)

Mitte 2010 wurde dann schließlich „The Giving Pledge" offiziell bei den Kollegen von „Fortune" vorgestellt. 40 Unterstützer zählte die Initiative zum Start bereits. Unter ihnen natürlich die beiden Initiatoren Bill Gates und Warren Buffett.

Vor allem Buffett war schon immer der Meinung, dass man sein Geld nicht den Kindern hinterlassen, sondern für wohltätige Zwecke einsetzen sollte. Daher hat er über „The Giving Pledge" auch versprochen, 99 Prozent seines Vermögens zu spenden.

Nachdem die Initiative weltweit auf ein großes Echo gestoßen ist, dürfen jetzt auch Milliardäre aus anderen Ländern mitmachen. Und tatsächlich befinden sich auf der Liste der aktuell 138 großzügigen Spender auch einige Namen aus Indien, Deutschland, Belgien oder der Schweiz[59].

Aktuelles positives Beispiel ist MacKenzie Scott[60].

Die frühere Frau von Amazon-Chef Jeff Bezos hat sich im Jahr 2020 als einflussreiche Wohltäterin profiliert. Sie schloss sich dem Giving Pledge an, weil sie „eine unverhältnismäßig große Menge an Geld zu teilen habe". Sie versprach, zu spenden, „bis der Tresor leer ist". Und sie deutete an, welchen Ansatz sie als Wohltäterin verfolgen werde. Sie beschwor den Wert schnellen Handels und zog eine Parallele zur Welt der Literatur, die ihr als Autorin zweier Romane wohlvertraut ist. Sie habe einmal gelesen, beim Schreiben sollten die besten Ideen nicht für spätere Kapitel aufgehoben, sondern sofort verwendet werden.

Tatsächlich legt Scott nun beim Spenden ein furioses Tempo vor. Im Dezember 2020 teilte sie mit, in den vergangenen vier Mona-

---

[59] Quelle: Business Insider vom 22. Juli 2017 (https://www.businessinsider.de/wirtschaft/was-will-the-giving-pledge-und-wer-macht-mit-2017-7/)

[60] Quelle: faz (https://www.faz.net/aktuell/wirtschaft/wie-mackenzie-scott-ihre-milliarden-einsetzen-will-17117094-p2.html

ten fast 4,2 Milliarden Dollar an wohltätige Organisationen gegeben zu haben. Und dies, nachdem sie schon im Juli Spenden von 1,7 Milliarden Dollar publik gemacht hatte. Ihr gesamtes karitatives Engagement für das Jahr 2020 addiert sich damit auf fast sechs Milliarden Dollar. Das ist in der Welt der Philanthropie ein atemberaubend hoher Betrag. Nicht einmal die Bill & Melinda Gates Foundation, die größte Privatstiftung der Welt, gibt so viel Geld in so kurzer Zeit aus.

Es gibt aber noch andere Beispiele:

Auch CNN-Gründer Ted Turner ist extrem wohltätig und versucht positiv auf die Zukunft der Welt einzuwirken. 1,1 Milliarden US-Dollar stellte der Medienmogul den Vereinten Nationen zur Verfügung.

Ebay-Gründer Pierre Omidyar hat fast sein ganzes 4,2-Milliarden-US-Dollar-Vermögen der Omidyar-Stiftung übergeben, die sich für Nonprofit-Organisationen engagiert.

Der US-amerikanische Unternehmer Jack Patrick Dorsey ist als Erfinder und Mitgründer des Microblogging-Dienstes Twitter sowie des mobilen Bezahldienstes Square bekannt.

Im Oktober 2019 hat er 350.000 US-Dollar an das gemeinnützige Projekt TeamTrees des YouTubers MrBeast und der Arbor Day Foundation gespendet. In diesem Projekt sollen bis 2022 insgesamt 20 Millionen Bäume gepflanzt werden.

Anfang April 2020 avisierte er eine Spende an eine Limited Liability Company (LLC) mit Namen „Start Small" in Höhe von einer Milliarde US-Dollar (umgerechnet rund 920 Millionen Euro und ca. 28 % seines Vermögens), wobei eine solche Spende mittels einer Übertragung von Anteilspapieren von Square Inc. (Mobil Bezahldienst und Finanzdienstleister) aus dem Privatvermögen von Dorsey erfolgen soll. Der Spende der Anteilspapiere liegt als Hintergrund einerseits die Bekämpfung von COVID-19 in finanziell nicht genannter Höhe zugrunde, andererseits Spendengelder bereit zu stellen u. a. für Dorsey's Wunsch für Gesundheit und Bildung von Mädchen einzutreten und Vorarbeit für ein universelles Grundeinkommen leisten zu wollen. Das Datum für die Spende ist noch nicht bekannt[61].

Ich werde die weitere Entwicklung verfolgen.

---

[61] Quelle: Wikipedia (https://de.wikipedia.org/wiki/Jack_Dorsey#cite_note-17)

 **Sozialunternehmen boomen**

Die Augsburger Unternehmensgründern Sina Trinkwalder hat mit ihrer Firma "manomama" das geschafft, was Finanzberater einer Bank als "unmögliches und zum Scheitern verurteiltes Vorhaben" eingestuft hätten[62]:

Gewöhnlich liegt einer Unternehmensgründung eine neue Produktidee oder eine innovative Dienstleistung zugrunde. Dazu sucht man sich dann die geeignete Mitarbeiterschaft und führt das Vorhaben zum Erfolg. Bei manomama ist es anders. Die Idee war und ist der Mensch. *„Mensch, lass uns doch etwas machen, wo wir Menschen, die sonst jede Firma ablehnt, eine Chance geben, ihren eigenen Erwerb zu erwirtschaften und damit wieder Teilhabe an unserer Gesellschaft zu ermöglichen"*, sagte Sina Trinkwalder.

---

[62] Quelle: manomama "Die Story" (https://www.manomama.de/shop/story

Herauskam etwas, was heute unsere Kollegen und Kolleginnen „Familie" nennen, Lieferanten und Kunden „Freunde" und Sina „Lebensaufgabe": manomama. (Ende des Auszugs).

Solche Sozialunternehmen laufen auch unter dem etwas sperrigen Begriff "Gemeinwohl-Ökonomie". Es gibt sie seit den 1990er Jahren mit verschiedenen Konzepten und alternativen Wirtschaftsmodellen. Gemeinsam ist eine Orientierung der Wirtschaft am Gemeinwohl. Kooperation und Gemeinwesen stehen im Vordergrund. Auch Menschenwürde, Solidarität, ökologische Nachhaltigkeit, soziale Gerechtigkeit und demokratische Mitbestimmung („Partizipation") werden als Werte der Gemeinwohl-Ökonomie bezeichnet.

Nebenbei: Das ist eigentlich nichts Neues. Schon in der Bayerischen Verfassung steht, dass die gesamte wirtschaftliche Tätigkeit dem Gemeinwohl dienen soll. Nur: Die Praxis sieht leider anders aus.

Ein gutes Beispiel ist auch die von David Katz im März 2013 gründete „Plastic Bank":
Das Sozialunternehmen bekämpft sowohl den Plastikmüll, der jedes Jahr in unsere Meere gelangt, als auch die Armut in Entwicklungsregionen. Für ihr Engagement ist das kanadische Sozialunternehmen im Jahr 2018 vom Vatikan geehrt worden.
Ihr extrem ehrgeiziges Ziel, die Weltmeere vom Plastikmüll zu befreien und dabei die Armut zu beenden, ist zwar noch in weiter Ferne. Aber die Aufmerksamkeit für das Unternehmen und ihre Projekte wächst täglich (siehe auch "Plastikmüll wird begrenzt").

 **Fair hergestellte Kleidung nimmt zu**

Durch die Initiative "ACT"[63] (Action, Collaboration, Transformation) will die Modeindustrie ein großes Versprechen einlösen: Millionen Näherinnen in Asien sollen künftig besser bezahlt werden. Der Kauf von Kleidung soll fairer und gerechter werden. ACT ist ein Abkommen zwischen globalen Marken und Händlern sowie Gewerkschaften, das Veränderungen in der Textil- und Bekleidungsindustrie herbeiführen soll. Zu den Unternehmen, die sich beteiligen, gehören unter anderem C&A, Esprit und H&M. Die Initiative gibt es seit 2016.

Ich werde die Entwicklung beobachten und darüber berichten.

---

[63] Quelle: Website Bündnis für nachhaltige Textilien (https://actonlivingwages.com/)

Gemeinwohlorientierung findet immer mehr Unterstützer

Es ist leider ein Fakt, dass in unserem Wirtschaftssystem etwas total schiefläuft: Diejenigen, die etwas (er)schaffen (durch ihre Arbeitskraft, ihre Kreativität, ihren Fleiß oder ihr Talent), werden ausgebeutet durch diejenigen, die nichts produktives leisten, aber einfach cleverer sind.

Mancher wird jetzt sagen: Sehr bedauerlich, aber das ist nun mal das Wesen der freien Marktwirtschaft. Jeder ist seines Glückes Schmied.

Ich glaube, so einfach darf man es sich im 21. Jahrhundert nicht machen.

Der Menschheit geht es so gut wie noch nie zuvor. Aber wie wir alle wissen, erfolgte in den letzten Jahrzehnten weltweit eine extreme Umverteilung von Arm zu Reich (*das reichste Prozent der Weltbevölkerung hat mehr Vermögen als die anderen 99 Prozent zusammen*[64]). Das liegt daran, dass die Wirtschafts- und Steuersysteme der meisten Länder dies systematisch begünstigen oder zumindest nicht verhindern.

Sie sind darauf ausgelegt, dass die gutverdienenden Personen noch reicher werden und die erfolgreichen Unternehmen noch erfolgreicher werden.

Dabei könnten gerade die Systeme der Marktwirtschaft und die Steuersysteme die Grundlage dafür bieten, dass die Unternehmen und die Bevölkerung profitieren.

Das Zauberwort heißt Gemeinwohlorientierung.

Sie bildet die Basis dafür, dass alle sich gegenseitig unterstützen, also kooperieren. Man gibt Anderen etwas ab und bekommt dafür etwas zurück (das muss allerdings nicht unbedingt Geld sein). Dadurch könnte man langfristig nicht nur „Wohlstand für Alle", sondern sogar „Zufriedenheit für Alle", erreichen.

Die gute Nachricht:

Die „Gemeinwohl-Ökonomie" wurde von dem Philologen Christian Felber, einem österreichischen Autor, Tanzperformer und politischen Aktivist, im Jahr 2010 der breiten Öffentlichkeit vorgestellt.

Die Welt nach Corona braucht genau solche Ansätze wie sie Christian Felber beschrieben hat. Gottseidank hat sich seine Theorie mittlerweile auch in der Praxis bewährt:

Seit der Entstehung haben sich laut eigenen Angaben etwa 2000 Unternehmen und 7000 Personen angeschlossen (Stand Mitte 2019). Rund 100 Regionalgruppen haben sich gebildet (Stand Juni 2017).

---

[64] Quelle: oxfam-Studie (https://www.oxfam.de/ueber-uns/aktuelles/2017-01-16-8-maenner-besitzen-so-viel-aermere-haelfte-weltbevoelkerung)

Die Einbettung der Gemeinwohl-Ökonomie in das europäische Wirtschaftssystem und Wirtschaftsprogramm Europa 2020 wurde ab Februar 2015 im Europäischen Wirtschafts- und Sozialausschuss diskutiert. Der Ausschuss nahm eine zehnseitige Initiativ-Stellungnahme am 17. September 2015 mit 86 % Stimmenmehrheit an und „erachtet das Modell als geeignet, in den Rechtsrahmen der EU und ihrer Mitgliedschaften integriert zu werden".

Der Bericht des Club of Rome von 2017 bringt Beispiele für seine Analyse, wonach die Welt – trotz aller Widerstände – sich auf dem Weg einer sozialen Transformation zu globaler Nachhaltigkeit befindet. Als eines dieser Beispiele wird die Gemeinwohl-Ökonomie vorgestellt[65].

Das stimmt doch hoffnungsvoll, oder?

Aber das Bessere ist bekanntlich des Guten Feind:

Auch die Felber'sche „Gemeinwohl-Ökonomie" lässt sich noch optimieren. Ich habe dies in meinem Buch „Drei Schlüssel für das Leben in einer besseren Welt" ausführlich dargestellt[66].

Mein Tipp: Lesen und sich eine eigene Meinung bilden.

---

[65] Quelle: Wikipedia Stand Januar 2021 (https://de.wikipedia.org/wiki/Gemeinwohl-%C3%96konomie)

[66] Erhältlich bei Amazon als Taschenbuch und ebook

„La Via Campesina" kämpft weltweit erfolgreich für humane Agrar- und Ernährungspolitik

La Via Campesina (LVC), „der bäuerliche Weg" ist ein internationales Bündnis von Kleinbauern, Landarbeitern, Fischern, Landlosen und Indigenen.

Kleinbauernbewegungen erkannten Anfang der 1990er Jahre, dass angesichts der Globalisierung der landwirtschaftlichen Märkte und der zunehmenden politischen Macht von Institutionen wie der Welthandelsorganisation (WTO) im Bereich der Landwirtschaft eine ebenfalls global vernetzte Allianz von Bauern und Landarbeitern vonnöten war. Gegründet wurde die Organisation 1992 und entwickelte sich zur größten politischen Bewegung der Welt. Ihr Sitz befindet sich in Jakarta (Indonesien)[67].

La Via Campesina setzt sich für eine umweltfreundliche, kleinbäuerliche Landwirtschaft ein, für Landreformen und gegen den Einsatz von Gentechnik in der Landwirtschaft. Die Bewegung hebt

---

[67] Quelle: Wikipedia (https://de.wikipedia.org/wiki/La_Via_Campesina)

insbesondere die Bedeutung von Frauen für Landwirtschaft und Welternährung hervor.

In dem im Mai 2020 veröffentlichten Jahresbericht[68] werden die Kämpfe und Aktivitäten, aber auch die Fortschritte, die 2019 gemacht wurden, beleuchtet.

Fazit ist, dass eine noch größere Einheit und Solidarität im Kampf gegen Ausbeutung und Kriminalisierung in all ihren Formen aufgebaut werden muss. Eine Möglichkeit, dies zu erreichen, wird darin gesehen, den bestehenden Solidaritätsmechanismus zu stärken, indem ein Notfallsystem entwickelt wird um denjenigen, die wegen der Verteidigung ihrer Rechte inhaftiert sind, rechtlichen Beistand zu gewähren. Die UN-Erklärung über die Rechte der Bauern und anderer Menschen, die in ländlichen Gebieten arbeiten, ist eines der Rechtsinstrumente, die eingesetzt werden, um lokale und nationale Kämpfe für Agrarreformen, Agrarökologie, bäuerlichen Volksfeminismus und Ernährungssouveränität zu stärken.

Die gute Nachricht:

Die Bewegung gewinnt immer mehr an Kraft. Mittlerweile hat LVC über 200 Millionen Mitglieder mit 164 Organisationen in 73 Ländern. In den letzten 20 Jahren hat sich LVC zu einer der größten sozialen Bewegungen der Welt entwickelt - ein fruchtbarer Boden, um Kämpfe und Solidarität zu fördern.

---

[68] Quelle: homepage der Bewegung (https://viacampesina.org/en/)

 **Hilfsorganisationen leisten weltweit humanitäre Hilfe**

United way worldwide

In Deutschland ist sie kaum bekannt, aber "United Way" ist die größte privat geförderte Non-Profit-Organisation der Welt mit 1.800 Mitgliedsorganisationen in 41 Ländern und über 60.000 Unternehmenspartnern.

Die Organisation ist ganz oben auf der Liste von „Amerikas Lieblings Charities".

Die gute Nachricht:
9,6 Millionen Spender/Innen und 2,9 Millionen Freiwillige setzen sich mit gemeinnützigen Projekten vor Ort für United Way's Mission ein, jedem Menschen den Zugang zur Gesundheit, Bildung und ein Leben ohne Armut zu ermöglichen.

Ärzte ohne Grenzen

Seit mehr als 40 Jahren leistet Ärzte ohne Grenzen humanitäre Hilfe, die oft auch als Nothilfe oder Katastrophenhilfe bezeichnet wird. Sie setzt ein bei gewalttätigen Konflikten, Naturkatastrophen oder dem Ausbruch von Epidemien. Ihr Ziel ist es, das Überleben zu sichern, Leid zu lindern und die betroffenen Menschen zu befähigen, ihr Leben wieder selbst in die Hand zu nehmen. Humanitäre Hilfe wird oft als kurzfristige Maßnahme angesehen. Die Hilfsprojekte von Ärzte ohne Grenzen konzentrieren sich auf medizinische Nothilfe, Wasser- und Sanitärversorgung sowie Ernährungsunterstützung. Fast immer werden lokale Mitarbeiterinnen und Mitarbeiter aus- oder fortgebildet, damit die Nachhaltigkeit der Projekte gewährleistet ist.

Insgesamt wurden im Jahr 2018 139,6 Millionen Euro für satzungsgemäße Zwecke ausgegeben. 137,1 Millionen Euro flossen in die medizinische Nothilfe in mehr als 46 Ländern sowie in ein Projekt zur Seenotrettung auf dem Mittelmeer. Dazu gehört auch die Steuerung und Betreuung der Projekte sowie die Förderung und Implementierung von neuen wirksamen und bezahlbaren Medikamenten. Die größten Summen gehen in Länder mit langanhaltenden Krisen wie den Südsudan (15,8 Mio.), Syrien (10,1 Mio.) und Äthiopien (9,6 Mio.)[69].

Christoffel-Blindenmission (CBM)

Die Christoffel-Blindenmission (CBM) ist eine internationale Entwicklungsorganisation für Menschen mit Behinderungen. Kein Mensch soll blind sein oder unter seiner Behinderung leiden, wenn wir es verhindern können. Dies ist seit mehr als 100 Jahren

---

[69] Quelle: Website von Ärzte ohne Grenzen (https://www.aerzte-ohne-grenzen.de/entwicklungshilfe)

das Credo der Christoffel-Blindenmission (CBM). Die internationale Entwicklungsorganisation kämpft in Projekten auf der ganzen Welt dafür, dass sich das Leben von Menschen mit Augenkrankheiten und anderen Behinderungen grundlegend und dauerhaft zum Positiven wendet.

Im Jahr 2018 unterstützte die internationale CBM-Föderation 525 Projekte in 55 Ländern und arbeitete dabei mit 371 lokalen Partnern zusammen.

So half die CBM fast 12 Millionen Menschen mit medizinischer Behandlung, Reha und Bildung sowie rund 48 Millionen gegen vernachlässigte Tropenkrankheiten[70].

Welthungerhilfe

Hunger ist das größte lösbare Problem der Welt. Die Welthungerhilfe möchte ihr strategisches Tun darauf konzentrieren, dieses Problem nachhaltig zu lösen. „Zero Hunger wherever we work by 2030" – so lautet das klare Vorhaben der Organisation in Anlehnung an die Nachhaltigkeitsziele der Vereinten Nationen.

Die Vision der Welthungerhilfe ist eine Welt, in der alle Menschen ein selbstbestimmtes Leben in Würde und Gerechtigkeit, frei von Hunger und Armut leben können. Dafür arbeitet die Organisation in 37 Ländern und hunderten Projekten mit nachhaltigen Lösungsansätzen[71].

Seit ihrer Gründung im Jahr 1962 hat sie mit rund 3,27 Milliarden Euro über 8.500 Hilfsprojekte durchgeführt[72].

Das ist doch eine richtig gute Nachricht, oder?!

---

[70] Quelle: Website der CBM (https://www.cbm.de/ueber-die-cbm/die-cbm.html)

[71] Quelle: Website der Welthungerhilfe (https://www.welthungerhilfe.de/ueber-uns/unsere-arbeit/)

[72] Quelle: Wikipedia (https://de.wikipedia.org/wiki/Welthungerhilfe)

Brot für die Welt

Brot für die Welt (BfdW) ist ein Hilfswerk der evangelischen Landeskirchen und Freikirchen in Deutschland. Die Stiftung leistet Hilfe zur Selbsthilfe für die Arbeit von kirchlichen, kirchennahen und säkularen Partnerorganisationen. Die Organisation unterstützt mehr als 1300 Projekte in Afrika, Asien, Lateinamerika und Osteuropa. Schwerpunkte der Arbeit sind Ernährungssicherung, die Förderung von Bildung und Gesundheit, die Stärkung der Demokratie, die Achtung der Menschenrechte, die Gleichstellung von Mann und Frau sowie die Bewahrung der Schöpfung.

Das Werk begründet seine Arbeit mit dem christlichen Glauben und versteht sich als Teil der weltweiten Christenheit.

Neben der finanziellen Förderung der weltweiten Projekte unterstützt es seine Partnerorganisationen auch durch die Entsendung von Entwicklungshelfern und Freiwilligen sowie die Vergabe von Stipendien. Dabei gibt es eine Arbeitsteilung zwischen Missions- und Entwicklungsorganisationen. Auch in Deutschland und Europa versucht Brot für die Welt durch Lobby-, Öffentlichkeits- und Bildungsarbeit politische Entscheidungen im Sinne der Armen zu beeinflussen und ein Bewusstsein für die Notwendigkeit einer nachhaltigen Lebens- und Wirtschaftsweise zu schaffen.

Zu dem Werk Brot für die Welt gehört auch die Diakonie Katastrophenhilfe, die humanitäre Soforthilfe in akuten Krisen leistet[73].

Die drei wichtigsten finanziellen Säulen von Brot für die Welt 2018 waren:
- staatliche Mittel (170,9 Mio. Euro)
- Spenden und Kollekten (55,7 Mio. Euro)
- Mittel des kirchlichen Entwicklungsdienstes (63,6 Mio. Euro).

---

[73] Quelle: Wikipedia (https://de.wikipedia.org/wiki/Brot_f%C3%BCr_die_Welt)

Die gute Nachricht:
91,2 % der zur Verfügung stehenden Mittel fließen konkret in die Projektarbeit, 8,8 Prozent in Werbung, allgemeine Öffentlichkeitsarbeit und Verwaltung.
Beim DZI-Siegel entspricht dies der besten Kategorie "niedrig" (niedrig = unter 10 Prozent)[74].

Die Internationale Rotkreuz- und Rothalbmond-Bewegung

Die Internationale Rotkreuz- und Rothalbmond-Bewegung umfasst das Internationale Komitee vom Roten Kreuz (IKRK), die Internationale Föderation der Rotkreuz- und Rothalbmond-Gesellschaften (Föderation, IFRC) sowie die nationalen Rotkreuz- und Rothalbmond-Gesellschaften.
Alle diese Organisationen sind voneinander rechtlich unabhängig und innerhalb der Bewegung durch gemeinsame Grundsätze, Ziele, Symbole, Statuten und Organe miteinander verbunden.
Die weltweit gleichermaßen geltende Mission der Bewegung – unabhängig von staatlichen Institutionen und auf der Basis freiwilliger Hilfe – sind der Schutz des Lebens, der Gesundheit und der Würde sowie die Verminderung des Leids von Menschen in Not ohne Ansehen von Nationalität und Abstammung oder religiösen, weltanschaulichen oder politischen Ansichten der Betroffenen und Hilfeleistenden.

Die gute Nachricht:
Zusammengefasst unter der Bezeichnung „Internationale Rotkreuz- und Rothalbmond-Bewegung" sind für das IKRK, die Föderation und die nationalen Gesellschaften weltweit gegenwärtig

---

[74] Quelle: Website von Brot für die Welt (https://www.brot-fuer-die-welt.de/ueber-uns/)

etwa 97 Millionen Mitglieder aktiv, davon ca. 300.000 Menschen hauptberuflich[75].
Ein Teil davon ist das Deutsche Rote Kreuz mit Hauptsitz in Berlin. Das DRK verfügt über etwa drei Millionen Mitglieder.

Bill & Melinda Gates Foundation

Die Bill & Melinda Gates Foundation ist an den Einlagen gemessen die mit Abstand größte Privat-Stiftung der Welt.
Microsoft-Mitbegründer Bill Gates hatte im Jahr 1994 erstmals eine Stiftung mit dem Namen „William H. Gates Foundation" ins Leben gerufen. Sie hat ihren Sitz in Seattle mit etwa 1.376 Mitarbeitern und einem Stiftungskapital von 36,7 Mrd. US-Dollar.

Die gute Nachricht:
Seit der Gründung wurden insgesamt 36,7 Mrd. US-Dollar an Zuschüssen gezahlt. Die Zuschüsse flossen in alle 50 Bundesstaaten der USA und in mehr als 100 Länder.
Die Stiftung engagiert sich in der landwirtschaftlichen Entwicklung. Bis Juni 2011 wurden über 1,8 Milliarden US-Dollar bereitgestellt. Beiträge werden in den Bereichen Forschung und Entwicklung, Agrarpolitik und Marktzugang geleistet.
Das mit Abstand größte geförderte Projekt ist die "Alliance for a Green Revolution in Africa", die im Jahr 2006 zusammen mit Geldern der Rockefeller-Stiftung ins Leben gerufen wurde.
Die Stiftung unterstützt auch die Behandlung und Bekämpfung von Krankheiten in der ganzen Welt. Dazu gehören Projekte zur Versorgung von AIDS-Kranken in Botswana und die Bereitstellung von Geld für Impfprogramme von Kindern in Indien und Afrika.
Weiterhin engagiert sie sich in der Forschung nach Impfstoffen gegen AIDS, Tuberkulose und Malaria sowie der Bereitstellung

---

[75] Quelle: Wikipedia (https://de.wikipedia.org/wiki/Internationale_Rotkreuz-_und_Rothalbmond-Bewegung)

von Impfstoffen gegen Kinderlähmung, Diphtherie, Keuchhusten, Masern und Gelbfieber.

Die Globale Allianz für Impfstoffe und Immunisierung (GAVI) wird zu 75 % (1,5 Mrd. US-Dollar) von der Stiftung finanziert[76].

Rotary International

Rotary International ist die Dachorganisation der Rotary Clubs. Dabei handelt es sich um international verbreitete Service-Clubs, zu denen sich Angehörige verschiedener Berufe unabhängig von politischen und religiösen Richtungen zusammengeschlossen haben. Die Clubs werden auch als soziales und berufliches Netzwerk genutzt. Als seine Ziele nennt Rotary humanitäre Dienste, Einsatz für Frieden und Völkerverständigung sowie Dienstbereitschaft im täglichen Leben. Im deutschsprachigen Raum nennen sich die Mitglieder Rotarier.

Die gute Nachricht:
International bekannt wurde das Programm "PolioPlus". Im Kampf gegen Kinderlähmung hat Rotary immense Erfolge erzielt. Die Poliokampagne profitiert von einer Partnerschaft, die Rotary International mit der Bill & Melinda Gates Foundation eingegangen ist. PolioPlus führte zu einem Rückgang der Infektionen um 99 Prozent. Nach jüngsten Schätzungen wird Rotary bis zur endgültigen Ausrottung des Virus 1,2 Milliarden US-Dollar aufgewendet haben[77].

---

[76] Quelle: Wikipedia (https://de.wikipedia.org/wiki/Bill_%26_Melinda_Gates_Foundation)

[77] Quelle: Wikipedia (https://de.wikipedia.org/wiki/Rotary_International#Gemeinn%C3%BCtzige_Projekte)

Sea-Watch

Sea-Watch e.V. ist eine gemeinnützige Initiative, die sich der zivilen Seenotrettung von Flüchtenden verschrieben hat. Angesichts der humanitären Katastrophe leistet Sea-Watch Nothilfe, fordert und forciert gleichzeitig die Rettung durch die zuständigen europäischen Institutionen und steht öffentlich für legale Fluchtwege ein:

"Da sich eine politische Lösung im Sinne einer SafePassage, wie sie von uns gefordert wird im Moment nicht abzeichnet, haben wir unsern Aktionsradius erweitert und neue Pläne geschmiedet. Wir sind politisch und religiös unabhängig und finanzieren uns ausschließlich durch Spenden"[78]. (Zitat Ende)

Die gute Nachricht:
Das Schiff "Sea-Watch 2" war zwei Jahre im Einsatz und konnte an der Rettung von über 25.000 Menschen mitwirken.
Die "Sea-Watch 3" war seit November 2017 an der Rettung von über 3.000 Menschen beteiligt[79].

New Story

Es gibt im Bereich der humanitären Hilfe aber auch "Newcomer", die durch innovative Ideen etwas bewerkstelligen, was selbst die "Großen" der Branche nicht schaffen. So eine Beispiel ist die noch kaum bekannte amerikanische Non-Profit-Organisation "New Story", die sich weltweit für Obdachlose einsetzt.
Ein Grundbedürfnis von Menschen ist, "ein Dach über dem Kopf zu haben".

---

[78] Quelle: Website von Sea-Watch (https://sea-watch.org/)
[79] Quelle: Sea-Watch-Projekte (https://sea-watch.org/das-projekt/sea-watch-3/)

Die gute Nachricht:

"New Story" und "ICON", ein amerikanischer Hersteller für 3D-Drucker, verhelfen gemeinsam in Armut lebenden Menschen zu besserem Wohnraum.

Zum Einsatz kommt der 3D-Drucker Vulcan II von ICON. Er ist dreieinhalb Meter hoch und zehn Meter lang und verwendet einen breiigen Beton als Druckmaterial. Das Material wird in einzelnen Strängen aufgetragen. Arbeitsplatten, Sitzbänke oder Regale können im selben Schritt gedruckt werden, was später die Arbeit am Innenausbau reduziert.

Das fertige Gebäude kostet nicht mehr als 4000 Dollar und wird in 24 Stunden gedruckt. Wenn die Wände getrocknet und belastbar sind, wird das Dach in Form einer Betonplatte aufgesetzt. Da das Material direkt und ohne Zwischenschritte in seine Form gespritzt wird, spart man Abfall[80].

Derzeit wird im südamerikanischen Bundesstaat Tabasco die weltweit erste Siedlung mit Häusern aus einem 3D-Drucker errichtet. Zwei Gebäude sind bezugsfertig, weitere 48 folgen bis Ende 2020[81].

Ich werde die weitere Entwicklung beobachten.

Joyce Meyer Ministries

Die US-Amerikanerin Joyce Meyer hat vor über 25 Jahren zusammen mit ihrem Mann Dave den christlichen Hilfsdienst „Hand of Hope" als NGO gegründet.

---

[80] Quelle: 3D-grenzenlos Magazin (https://www.3d-grenzenlos.de/magazin/zukunft-visionen/dorf-aus-3d-drucker-suedamerika-icon-new-story-27506403/)

[81] Quelle: stern vom 23.12.2019, Seite 22

Diese „Hand der Hoffnung" sorgt für humanitäre Einsätze weltweit in 100 Ländern und 8 Einsatzgebieten[82]:

- Essensausgaben
  Im Jahr 2018 wurden über 24,7 Millionen Mahlzeiten ausgegeben. Es werden über 825 lebenserhaltende Essensausgaben in annähernd 30 Ländern betrieben.
- Kinderheime
  In weltweit 9 Kinderheimen werden über 325 Kinder versorgt und betreut.
- Medizinische / Zahnmedizinische Einsätze
  Über 2,4 Mio. Patienten wurden während medizinischer und zahnmedizinischer Einsätze behandelt. Es werden Krankenhäuser in Kambodscha, Indien, Äthiopien und auf Haiti betrieben.
- Katastrophenhilfe
  Katastrophenhilfe sowie humanitäre Hilfe in den USA und weltweit wird geleistet. Seit 2004 konnte bei über 150 Katastrophen geholfen werden mit über 15,4 Mio. €.
- Innenstadt-Einsätze
  Das St. Louis Dream Center (SLDC) erreicht jährlich Tausende durch diakonische Dienste für Kinder und Jugendliche. Dazu gehören Essensausgaben, Obdachlosenhilfe und verschiedene Sport- und Nachhilfeinitiativen.
  Seit Gründung der Stadtinsel - einem sozial-diakonischen Projekt in Hamburg - helfen vorwiegend ehrenamtliche Mitarbeiter verschiedener Hamburger Gemeinden Kindern, Jugendlichen und deren Familien sowie Obdachlosen, sozial

---

[82] Quelle: Homepage der NGO (https://www.joyce-meyer.de/hand-of-hope/auf-einen-blick/der-christliche-hilfsdienst/)

Schwachen und Drogenabhängigen im Stadtgebiet von Hamburg.

- Gefängniseinsätze
  Seit 1998 haben die Einsatzteams mehr als 4.000 Gefängnisse in über 55 Ländern besucht. Mehr als 3,4 Mio. Geschenktaschen mit Hygieneartikel wurden verteilt. Über 150.000 Gefangene haben sich für ein Leben mit Jesus entschieden.
- Befreiung aus Menschenhandel
  Frauen und Kinder wurden in 14 Ländern aus Menschenhandel befreit. Sie erhielten Liebe, ein sicheres Zuhause, eine gute Ausbildung und therapeutische Betreuung.
- Wasserversorgung
  1.168 „Well of Life" Frischwasserbrunnen in Indien und anderen entlegenen Gebieten wurden gebohrt.

Ich finde, das ist eine absolut beeindruckende Erfolgsgeschichte. Auch wenn Joyce Meyer als typisch amerikanische Bibellehrerin nicht jedermanns Geschmack sein mag, der Erfolg gibt ihr recht, oder?

Engagierte Menschen leisten wirksame Entwicklungshilfe

Arme Länder werden "Entwicklungsländer" genannt und erhalten von den reichen Ländern finanzielle und sonstige Unterstützung ("Entwicklungshilfe").

Diese Zahlungen sind aber höchst umstritten. Die Ökonomin Dambisa Moyo aus Sambia hat in ihrem Buch "Dead Aid"[83] bedrückende Fakten dargelegt:

"Die Entwicklungshilfe für Afrika ist nicht Teil der Lösung sondern Teil des Problems. Im Ergebnis führt staatliche Entwicklungshilfe in Afrika u.a. zu Korruption und politischer Abhängigkeit."

(Zitat Ende)

---

[83] Quelle: Huffpost vom 10.04.2015 (https://www.huffingtonpost.de/hans-durrer/dead-aid-warum-entwicklun_b_6580942.html)

Aber auch Versäumnisse in der Nachhaltigkeit führen dazu, dass die gut gemeinte Hilfe langfristig "versandet": Die deutsche Agraringenieurin Katrin Pütz hat festgesellt, dass es in Kenia zig Tausende von Biogasanlagen gibt, die in der Wildnis verstreut sind und nicht mehr funktionieren, weil es seinerzeit versäumt wurde, einen zuverlässigen Kundendienst aufzubauen. Ähnliches kennt man von Brunnen, für die Ersatzteile fehlen und Fachleute, um sie instand zu halten.

Die gute Nachricht:

Es geht auch anders. Die findige Ingenieurin entwickelte eine Mini-Biogasanlage, die technisch auf einem ganz niedrigen Niveau ist. Man kann sie selber installieren und reparieren. Dadurch ist sie auch geeignet für Menschen, die keine höhere Bildung haben. Die Minianlage ist für Bauern gedacht, die damit Gas zum Kochen produzieren. Sie können das erzeugte Gas allerdings auch verkaufen[84].

Solche Entwicklungen schaffen nachhaltigen Aufschwung und bringen eventuell mehr als Millionen EUROs staatliche Entwicklungshilfe!

Ein tolles Beispiel für innovativen Erfindergeist, der ohne finanzielle Eigeninteressen vielen bedürftigen Menschen hilft, stellt auch das Projekt „Ein Dollar Brille" dar.

Nach den Erkenntnissen der WHO haben 950 Millionen Menschen auf der ganzen Welt keine Brille, obwohl sie eine brauchen würden.

Dem Erlanger Mathematik- und Physiklehrer Martin Aufmuth, der auch gelernter Radio- und Fernsehmechaniker ist, hat dies keine Ruhe gelassen.

---

[84] Quelle: Deutschlandfunk.de vom 21.01.2020 (https://www.deutschlandfunk.de/mini-biogasanlagen-fuer-afrika-wirtschaftsfoerderung-statt.1773.de.html?dram:article_id=459738)

Er hat eine einfache aber wirksame Brille entwickelt, die in der Herstellung nur einen Dollar kostet. Sie besteht aus einem Drahtgestell und einklickbaren, vorgeschliffenen Gläsern und wird von „fliegenden Optikern" vertrieben, die sie in einer tragbaren Optikerwerkstatt für wenige US-Dollar in den Dörfern ihrer Region anbieten.

Durch sein Konzept haben seit 2012 rund 240.000 Kinder und Erwachsene in Afrika, Asien und Südamerika eine Brille erhalten. Viele der Sehschwachen können nun ihre Familie oder sich selbst versorgen.

Das alles läuft im Rahmen eines gemeinnützigen Vereins und Gewinnerzielungsabsicht![85]

---

[85] Quelle: Ein Dollar Brille e.V. (www.eindollarbrille.de)

 **Hilfsorganisatonen geben Kindern eine Perspektive**

UNICEF

Das Kinderhilfswerk UNICEF ist eines der entwicklungspolitischen Organe der Vereinten Nationen. Es wurde am 11. Dezember 1946 gegründet, zunächst um Kindern in Europa nach dem Zweiten Weltkrieg zu helfen.

Heute arbeitet das Kinderhilfswerk vor allem in Entwicklungsländern und unterstützt in ca. 190 Staaten Kinder und Mütter in den Bereichen Gesundheit, Familienplanung, Hygiene, Ernährung sowie Bildung und leistet humanitäre Hilfe in Notsituationen.

Außerdem betreibt es auf politischer Ebene Lobbying, so etwa gegen den Einsatz von Kindersoldaten oder für den Schutz von Flüchtlingen. Die Organisation tritt weltweit für die Umsetzung der UN-Kinderrechtskonvention ein.

2016 lagen die Einnahmen bei 4,884 Milliarden US-Dollar und Ausgaben bei 5,427 Milliarden US-Dollar. Die Organisation finanziert sich aus den Beiträgen der UN-Mitgliedsstaaten und Spenden von öffentlichen und privaten Gebern.

Derzeit hat UNICEF weltweit rund 13.000 Mitarbeiter in rund 190 Ländern und Territorien; die meisten davon sind nationale Kräfte in den Programmländern[86].

Die konkreten Einsatzbereiche der UNICEF-Arbeit sind so vielfältig, dass eine Aufzählung den Rahmen dieses kleinen Buches sprengen würde.

Bei Interesse können Sie können direkt auf der Website von UNICEF informieren[87].

SOS-Kinderdorf

Vor 70 Jahren hat eine Gruppe engagierter Frauen und Männer rund um Hermann Gmeiner in Innsbruck die „Societas Socialis" gegründet. Das war der Grundstein für die erfolgreiche Verbreitung der SOS-Kinderdorf-Idee und Bewegung in der ganzen Welt. Heute ist SOS-Kinderdorf in 136 Ländern tätig und hilft Kinder, Jugendliche und Familien in Not mit vielfältigen Angeboten.

SOS-Kinderdorf International setzt sich aus 136 nationalen Vereinen zusammen, die in ihrem jeweiligen Land verankert sind. Die weltweite Wirkung von SOS-Kinderdorf basiert auf der Verbindung von lokaler Verantwortlichkeit mit globalem Denken und dem in allen Kulturen gültigen Konzept, Kindern und Jugendlichen in Not ein sicheres und liebevolles Zuhause zu geben[88].

---

[86] Quelle: Wikipedia (https://de.wikipedia.org/wiki/UNICEF)

[87] Website: https://www.unicef.de/informieren/projekte/einsatzbereiche-110796

[88] Quelle: Website von SOS-Kinderdorf (https://www.sos-kinderdorf.de/portal/ueber-uns/organisation/sos-kinderdorf-international)

Wie alle gemeinnützigen Organisationen finanziert sich SOS-Kinderdorf natürlich überwiegend von Spenden.

Die gute Nachricht:
Rund 87% der maßgeblichen Gesamtaufwendungen fließen direkt in die Programmarbeit (Projektförderung und –begleitung)[89].

Save the children

Save the Children ist eine internationale Nichtregierungsorganisation, die sich für die Rechte und den Schutz von Kindern weltweit einsetzt. Sie wurde 1919 in Großbritannien gegründet und ist konfessionell und politisch unabhängig. Heute besteht Save the Children International aus 28 Länderorganisationen und ist in rund 120 Ländern aktiv.

Erklärtes Ziel der Organisation ist es, die Rechte von Kindern weltweit zu stärken und ihre Leben zu verbessern. Ihre Arbeitsschwerpunkte liegen dabei auf den Bereichen Gesundheit und Überleben, Schule und Bildung sowie Schutz vor Gewalt und Ausbeutung. Darüber hinaus leistet Save the Children humanitäre Hilfe in Not- und Katastrophenfällen, zum Beispiel in Krisen wie dem Bürgerkrieg in Syrien oder nach Naturkatastrophen wie dem schweren Erdbeben in Nepal 2015[90].

Die Hilfsorganisation hat im Jahr 2018 insgesamt 38,1 Millionen Euro ausgegeben. Rund 28,3 Millionen Euro flossen in die Förderung und Begleitung der Projekte.

Die gute Nachricht:
Von jedem gespendeten Euro kamen 2018 rund 74 Cent den Projekten zugute.

---

[89] Quelle: Website von SOS-Kinderdorf (https://www.sos-kinderdorf.de/portal/ueber-uns/transparenz/transparenz-und-kontrolle)

[90] Quelle: Wikipedia (https://de.wikipedia.org/wiki/Save_the_Children)

PLAN International

Plan International ist als internationales Kinderhilfswerk weltweit seit 1937 aktiv und das in über 70 Ländern, unabhängig von Religion und Politik (Stand März 2017).

Im Rahmen der Entwicklungszusammenarbeit finanziert Plan International nachhaltige und kinderorientierte Selbsthilfeprojekte hauptsächlich über Patenschaften, zusätzlich auch über Einzelspenden.

Die Organisation ist vom Wirtschafts- und Sozialrat der Vereinten Nationen als private und unabhängige Organisation anerkannt und ist im Beratungsausschuss von Nichtregierungsorganisationen für UNICEF[91]. (Ende des Auszugs)

Die beeindruckend gute Nachricht:

Mit über 350.000 Patenschaften ist sie die größte Organisation ihrer Art in Deutschland. Mit den Spendengeldern geht sie sparsam und effektiv um: Seit vielen Jahren werden mindestens 80 Prozent der finanziellen Mittel für die Projektausgaben zur Verfügung gestellt[92].

---

[91] Quelle: Wikipedia Stand April 2021 (https://de.wikipedia.org/wiki/Plan_International)

[92] Quelle: Plan International (www.plan.de/kindheit)

Organisationen setzen sich weltweit für Menschenrechte ein

Amnesty International

Amnesty International ist eine nichtstaatliche (NGO) und Non-Profit-Organisation, die sich weltweit für Menschenrechte einsetzt.

Grundlage ihrer Arbeit sind die Allgemeine Erklärung der Menschenrechte und andere Menschenrechtsdokumente, wie beispielsweise der Internationale Pakt über bürgerliche und politische Rechte und der Internationale Pakt über wirtschaftliche, soziale und kulturelle Rechte.

Die Organisation recherchiert Menschenrechtsverletzungen, betreibt Öffentlichkeits- und Lobbyarbeit und organisiert unter anderem Brief- und Unterschriftenaktionen für alle Bereiche ihrer Tätigkeit[93].

---

[93] Quelle: Wikipedia (https://de.wikipedia.org/wiki/Amnesty_International)

Ein kurzer Blick in die Geschichte von Amnesty zeigt, wie wichtig diese Organisation für die Welt ist:

- 1973 startet Amnesty die ersten Urgent Actions, die bis heute eine der wirksamsten Methoden sind, um Menschen in Gefahr zu helfen.
- 1977 wird Amnesty International mit dem Friedensnobelpreis ausgezeichnet. Für Regierungen wird es nun noch schwieriger, die Organisation zu ignorieren.
- Dank zweier großer Musik-Events findet Amnesty in den achtziger Jahren Tausende neue Unterstützerinnen und Unterstützer und Mitglieder.
- 1985 wird der Einsatz für Flüchtlinge im Mandat von Amnesty verankert.
- Das Ende des Kalten Krieges stellt die internationale Menschenrechtsbewegung vor neue Herausforderungen. Amnesty-Expertinnen und -Experten recherchieren und dokumentieren Menschenrechtsverletzungen auf allen Kontinenten. Die Anschläge vom 11. September 2001 hatten weltweit Menschenrechtsverletzungen im Anti-Terror-Kampf zur Folge. Das Gefangenenlager Guantánamo ist nur ein Beispiel von vielen.
- Mit nationalen und internationalen Kampagnen versucht Amnesty, den Opfern von Menschenrechtsverletzungen Gehör zu verschaffen. Seit 2003 setzt sich Amnesty für die Achtung der wirtschaftlichen, sozialen und kulturellen Rechte ein[94].

---

[94] Quelle: Website von Amnesty (https://www.amnesty.de/kampagnen)

Die gute Nachricht:
Amnesty International ist inzwischen eine internationale Mitgliederbewegung mit mehr als sieben Millionen Mitgliedern und Unterstützerinnen und Unterstützern in über 150 Ländern der Welt.

European Center for Constitutional and Human Rights (ECCHR)

Das ECCR mit Sitz in Berlin ist eine als Verein organisierte, gemeinnützige und unabhängige Menschenrechtsorganisation, die sich mit juristischen Mitteln dafür einsetzt, dass die Verantwortlichen von Menschenrechtsverletzungen zur Rechenschaft gezogen werden[95].

Es erreichte z.B. im Jahr 2015, dass gegen den deutschen Textildiscounter KiK ein Strafverfahren wegen der Brandkatastrophe in Karatschi eingeleitet wurde. Dadurch hat KiK in den gut fünf Jahren nach dem verheerenden Großbrand 6 Millionen Dollar an die Hinterbliebenen gezahlt.

Die gute Nachricht:
Das Risiko, wegen gefährlicher beziehungsweise gesetzeswidriger Arbeitsbedingungen angeklagt zu werden, ist seit es das ECCHR gibt, deutlich höher als früher.

Human Rights Watch

Human Rights Watch ist eine gemeinnützige, nichtstaatliche Menschenrechtsorganisation mit mehr als 300 Mitarbeitern weltweit, darunter Menschenrechtsexperten, Feldforscher, Anwälte, Journalisten und Wissenschaftler aus unterschiedlichen Fachgebieten und Ländern.

---

[95] Quelle: Wikipedia (https://de.wikipedia.org/wiki/European_Center_for_Constitutional_and_Human_Rights)

Sie wurde 1978 gegründet und ist für sorgfältige, zuverlässige und präzise Recherchen, objektive und wirksame Öffentlichkeitsarbeit und gezielte Einflussnahme auf politische Entscheidungsträger bekannt.

Human Rights Watch kooperiert mit einer Vielzahl lokaler Menschenrechtsgruppen rund um den Globus und verschafft ihren Anliegen weltweit Gehör.

Sie veröffentlicht jedes Jahr mehr als 100 Berichte zu Menschenrechtsfragen in über 80 Ländern und baut über die regionalen und internationalen Medien Druck auf die relevanten Akteure auf. Im kritischen Dialog mit Regierungen, den Vereinten Nationen, der Afrikanischen Union und der Europäischen Union, Finanzinstitutionen und Unternehmen drängt Human Rights Watch auf politische Veränderungen. Oberstes Ziel der Arbeit ist dabei stets die Förderung der Menschenrechte und Gerechtigkeit weltweit[96].

Die gute Nachricht:

Human Rights Watch hat sehr viele konkrete positive Veränderungen für die Welt erreicht. Zum Beispiel konnte mit der Verabschiedung des Vertrages zum Verbot des Einsatzes von Kindern als Soldaten ein großer Erfolg gefeiert werden. Dank der Bemühungen wurde das 18. Lebensjahr als Mindestalter für die Teilnahme an einer Kriegshandlung festgesetzt.

Human Rights Watch war auch eine der ersten Organisationen, die sich für die Gründung des Internationalen Strafgerichtshofs eingesetzt hat - einem permanenten und unabhängigen Gerichtshof, der sich mit den gravierendsten Menschenrechtsverbrechen beschäftigen wird.

---

[96] Quelle: Website von Human Rights Watch (https://www.hrw.org/de/wer-wir-sind)

Als Resultat der Öffentlichkeitsarbeit und Fürsprachebemühungen bei Regierungen, haben 120 Staaten dem Vertrag zugestimmt. Der Internationale Strafgerichtshof trat am 1. Juli 2002 in Kraft.

Die beeindruckende Erfolgsliste kann man auf der Homepage von Human Rights Watch einsehen[97].

Transparency International

Transparency International e.V. ist eine Internationale Nichtregierungsorganisation mit Sitz in Berlin, die 1993 gegründet wurde. Zweck des gemeinnützig tätigen Idealvereins ist die weltweite Bekämpfung von Korruption sowie die Prävention von Straftaten, die mit Korruption im Zusammenhang stehen. Transparency International ist ein Dachverband, dessen Mitglieder neben wenigen Einzelpersonen über 100 nationale Organisationen („National Chapter") sind, die sich in ihren Heimatländern der Korruptionsbekämpfung widmen. Der für Deutschland zuständige Verein Transparency Deutschland wurde 1996 gegründet und sitzt ebenfalls in Berlin.

Nach eigener Aussage arbeitet Transparency International schwerpunktmäßig zu folgenden Themen:
- Politische Korruption
- Korruption bei öffentlichen Ausschreibungen
- Privatsektorkorruption
- Internationale Konventionen gegen Korruption
- Armut und Entwicklung[98].

---

[97] Siehe: https://www.hrw.org/legacy/german/about/erfolge.htm

[98] Quelle: Wikipedia (https://de.wikipedia.org/wiki/Transparency_International)

Die gute Nachricht:

Transparency International erstellt jedes Jahr einen Korruptionswahrnehmungsindex, an dem abgelesen werden kann, welche Länder vorbildlich gegen Korruption vorgehen. Hier kann man ablesen, dass die Welt tendenziell "besser" wird.

Die besten Ränge nehmen in der aktuellen Liste (Jahr 2018) folgende Länder ein:

1 Dänemark

2 Neuseeland

3 Finnland, Schweiz, Singapur und Schweden

7 Norwegen

8 Niederlande

9 Kanada und Luxemburg

11 Vereinigtes Königreich und Deutschland

13 Australien

14 Hongkong, Island und Österreich

17 Belgien

18 Irland, Japan und Estland

21 Frankreich

Wir in Deutschland liegen immerhin auf Rang 11.

Open Society Foundations

Die Open Society Foundations (OSF), ehemals Open Society Institute (OSI), sind eine Gruppe von Stiftungen des amerikanischen Milliardärs George Soros, die nach eigenen Angaben den Gedanken der offenen Gesellschaft durch Unterstützung von Initiativen der Zivilgesellschaft vertreten und politische Aktivitäten finanzieren, insbesondere in Mittel- und Osteuropa.

Im Oktober 2017 wurde bekannt, dass Soros rund 18 Milliarden Dollar und damit den größten Teil seines Vermögens an die Open Society Foundations übertragen hat.

Damit belaufen sich seine Gesamtspenden an die Stiftungen seit 1984 auf über 30 Milliarden Dollar. Dadurch ist die Stiftung die zweitgrößte hinter der Bill & Melinda Gates Foundation[99].

Soros begann seine philanthropische Arbeit 1979 mit der Vergabe von Stipendien an schwarze Südafrikaner unter der Apartheid. In den 1980er Jahren trug er zur Förderung des offenen Ideenaustauschs im kommunistischen Ungarn bei, indem er akademische Besuche im Westen finanzierte und junge unabhängige Kulturgruppen und andere Initiativen unterstützte.

Nach dem Fall der Berliner Mauer schuf er die Mitteleuropäische Universität als einen Raum zur Förderung des kritischen Denkens - damals ein fremdes Konzept an den meisten Universitäten des ehemaligen kommunistischen Blocks.

Nach dem Ende des Kalten Krieges dehnte er seine Philanthropie allmählich auf die Vereinigten Staaten, Afrika, Lateinamerika und Asien aus und unterstützte eine Vielzahl neuer Bemühungen um die Schaffung verantwortungsbewussterer, transparenterer und demokratischer Gesellschaften. Er war eine der ersten prominenten Stimmen, die den Krieg gegen die Drogen als "wohl schädlicher als das Drogenproblem selbst" kritisierten, und er half, die amerikanische Bewegung für medizinisches Marihuana in Gang zu bringen.

In den frühen 2000er Jahren wurde er zum Befürworter gleichgeschlechtlicher Heiratsbemühungen. Obwohl sich seine Anliegen im Laufe der Zeit weiterentwickelten, hielten sie sich weiterhin eng an seine Ideale einer offenen Gesellschaft.

Unter seiner Führung haben die Open Society Foundations weltweit Einzelpersonen und Organisationen unterstützt, die für Meinungsfreiheit, verantwortliche Regierungen und Gesellschaften, die Gerechtigkeit und Gleichheit fördern, kämpfen.

---

[99] Quelle: Wikipedia (https://de.wikipedia.org/wiki/Open_Society_Foundations)

Die Stiftungen haben auch Schul- und Universitätsgebühren für Tausende von vielversprechenden Studenten bereitgestellt, die sonst aufgrund ihrer Identität oder ihres Wohnortes von Möglichkeiten ausgeschlossen gewesen wären.

LIDL

Der deutsche Supermarkt muss überraschenderweise auch in dieser Positivliste auftauchen. Oxfam, ein internationaler Verbund verschiedener Hilfs- und Entwicklungsorganisationen, hat auf seiner Homepage im April 2020 folgendes veröffentlicht[100]:

„Im April 2020 hat Lidl seine neue Menschenrechtspolitik veröffentlicht und damit gezeigt: Es geht, Supermärkte können ihre Geschäftspolitik ändern und stärker auf die Rechte der Menschen ausrichten, die überall auf der Welt Lebensmittel herstellen und häufig dabei ausgebeutet werden.

- *Lidl hat zum Beispiel als erster deutscher Supermarkt die Liste der Hauptlieferanten für seine Eigenmarken und Herkunftsländer mit menschenrechtlichen Risiken veröffentlicht.*
- *Außerdem wird Lidl bei Risikoprodukten zusammen mit Gewerkschaften und der Zivilgesellschaft Risikoanalysen und Aktionspläne erarbeiten, um bessere Arbeitsbedingungen durchzusetzen.*
- *Ein Riesenfortschritt ist auch, dass Lidl sich zur Durchsetzung der Zahlung eines existenzsichernden Lohns bekannt hat und in konkreten Projekten zunächst in Brasilien, Ghana und Ecuador darauf hinarbeiten will.*
- *Sogar bei Gewerkschaftsrechten, deren Bedeutung anzuerkennen sich Lidl bisher weigerte, hat das Unternehmen einen bemerkenswerten Schritt getan und sich dazu bekannt, mit Gewerkschaften auch im globalen Süden zusammenzuarbeiten und sich dafür einzusetzen, dass die oftmals bestehenden*

---

[100] Quelle Oxfam (https://www.oxfam.de/blog/lidl-macht-sprung-vorn-sachen-menschenrechte)

Hürden für die Selbstorganisation der Arbeiter*innen vor Ort überwunden werden.
- *Schließlich ist anzuerkennen, dass Lidl sich durch die Unterzeichnung der UN Women Empowerment Principles, internationalen Grundsätzen zur Stärkung von Frauen im Unternehmen, verpflichtet hat, sowohl in all seinen Niederlassungen weltweit als auch bei seinen Lieferanten Frauen zu unterstützen und für Geschlechtergerechtigkeit zu sorgen".* (Auszug Ende)

 **Tierwohl gewinnt immer mehr Bedeutung**

Im Jahr 2018 konnte das Thema "Tierwohl" einen großen Erfolg verzeichnen:
Die Handelskette Lidl sagte zu, dass sie ab April ihre eigenen Frischfleischprodukte mit einer vierstufigen Haltungskennzeichnung versehen werde.
Der Lebensmitteldiscounter reagierte damit auf über 400 Protestaktionen, mit denen Greenpeace-Aktivisten seit April 2017 vor Lidl-Märkten mehr Transparenz für Verbraucher gefordert und auf miserable Zustände in der Haltung hingewiesen haben. Der Haltungskompass lässt Verbrauchern künftig mit einem Blick die Bedingungen erkennen, unter denen ein Tier gehalten worden ist. Bei Eiern ist eine solche Kennzeichnung gesetzlich verpflichtend. „Endlich können Lidl-Kunden selbst entscheiden, welche Haltungsbedingungen sie mit ihrem Einkauf unterstützen", sagt Stephanie Töwe, Landwirtschaftsexpertin von Greenpeace.

„Transparenz für Verbraucher ist ein wichtiger Schritt hin zu einer besseren Tierhaltung. Wenn dem Discounter Gesundheit und Wohl der Tiere wirklich wichtig sind, muss Lidl Fleisch aus tierschutzwidriger Haltung langfristig ganz aus dem Sortiment nehmen."[101] (Auszug Ende)

Das war damals eine sehr gute Nachricht, denn mehrere andere Supermarktketten wie ALDI, EDEKA und REWE folgten dem guten Beispiel.

Aber jetzt kommt es noch besser: Das Bundeskabinett hat den Gesetzentwurf für die Einführung und Verwendung eines Tierwohlkennzeichens beschlossen. Bundeslandwirtschaftsministerin Julia Klöckner hatte im Februar 2019 die Kriterien für das geplante staatliche Tierwohlkennzeichen für Schweine vorgestellt. Die Kriterien aller drei Stufen des Kennzeichens liegen über dem gesetzlichen Mindeststandard.

Ziel des staatlichen Tierwohlkennzeichens ist es, dem Verbraucher sichtbar zu machen, bei welchen Produkten höhere als die gesetzlichen Standards eingehalten wurden.

Um die Vermarktungschancen zu optimieren, hat das staatliche Tierwohlkennzeichen drei Stufen. Die Kriterien aller Stufen gehen mit steigenden Anforderungen von Stufe zu Stufe über die Anforderungen des gesetzlichen Mindeststandards hinaus.

Wir alle sollten die weiter Entwicklung beobachten, die Ratifizierung dieses Gesetzesentwurfs wäre ein großer Schritt in Richtung Tierwohl und Fleischqualität.

Leider ist das Gesetzt bis jetzt (Stand Februar 2021) immer noch nicht in Kraft getreten.

---

[101] Quelle: Greenpeace (https://www.greenpeace.de/presse/presseerklaerungen/erfolg-der-greenpeace-kampagne-lidl-kennzeichnet-fleischsortiment)

Für den Tierschutz in globaler Hinsicht ist der "World Wide Fund For Nature" (WWF) eine der ersten Adressen[102].

Der WWF ist eine der größten und erfahrensten Naturschutzorganisationen der Welt und in mehr als 100 Ländern aktiv. Weltweit unterstützen ihn rund fünf Millionen Förderer. Das globale Netzwerk des WWF unterhält 90 Büros in mehr als 40 Ländern. Rund um den Globus führen Mitarbeiterinnen und Mitarbeiter aktuell 1300 Projekte zur Bewahrung der biologischen Vielfalt durch:

Zum Beispiel konnte in Borneo nicht nur einer der größten Bestände an Orang-Utans dauerhaft geschützt werden, sondern es wurden durch Pflanzaktionen von 2016-2018 über 9 Millionen Tonnen CO_2-Emissionen vermieden.

WWF zeigt der Welt, wie man Tierschutz optimal mit Umweltschutz verbinden kann!

Viele weitere beeindruckende Erfolge kann man direkt auf der Website von WWF nachlesen[103].

---

[102] Siehe Website von WWF (https://www.wwf.de/)
[103] Siehe Website von WWF (https://www.wwf.de/themen-projekte/wwf-erfolge/naturschutzerfolge-2019/)

Finanzwesen

"Millionaires for Humanity" fordern höhere Steuern für Reiche und Superreiche

Im Vorfeld des Treffens der G20 Finanzminister*innen und Zentralbankpräsident*innen und der Sondertagung des Europäischen Rates im Juli 2020 gab es eine kleine Sensation, die von den Medien allerdings kaum beachtet wurde:

Eine Gruppe von 83 Millionären aus sieben Ländern setzte sich in der Corona-Pandemie dafür ein, dass Reiche und Superreiche höhere Steuern zahlen. Darunter auch fünf Deutsche.

Sie schrieben in einem offenen Brief folgendes[104]:

---

[104] Quelle: Website von Global Citizen (https://www.globalcitizen.org/de/content/wealth-tax-millionaires-for-humanity-covid-19/)

„Die weltweit identifizierten 2.150 Milliardär*innen besitzen zusammen etwa 10 Billionen US-Dollar.
Das ist 30 Mal so viel, wie es bräuchte, um extreme Armut weltweit zu beenden. Wenn wir die Global Goals der Vereinten Nationen bis 2030 erreichen wollen, müssen Superreiche Teil der Lösung sein. Philanthropie ist dabei eine Möglichkeit – ein gerechtes Steuersystem hilft jedoch langfristig. Werde hier mit uns aktiv, damit alle Menschen ein gesundes und nachhaltiges Leben führen können".

Eine Reihe von Organisationen, darunter die Hilfsorganisation Oxfam, unterstützen diese Forderung. Oxfam wies in Berlin darauf hin, dass infolge der Corona-Krise eine halbe Milliarde Menschen zusätzlich in Armut geraten könne[105].

„Es ist möglich, unsere Gesundheitssysteme, Schulen und soziale Sicherheit adäquat zu finanzieren, mithilfe dauerhaft höherer Steuern für die reichsten Menschen auf diesem Planeten", heißt es in einem von Oxfam und anderen Hilfsorganisationen verbreiteten offenen Brief. Regierungen müssten so die erforderlichen Mittel zur Bekämpfung der Folgen der Corona-Krise aufbringen und sie gerecht einsetzen.

Die durch die Pandemie verursachten Probleme „lassen sich nicht durch Wohltätigkeit lösen, egal wie generös sie auch sein mag", erklärt die Gruppe. Erforderlich zur Finanzierung des Wiederaufbaus seien „dauerhaft höherer Steuern für die reichsten Menschen auf diesem Planeten, für Menschen wie uns".

Prominente Unterzeichner*innen des offenen Briefes sind die deutsche Start-up-Investorin und Philanthropin Dr. Mariana Bozesan, der Gründer der Warehouse Group, der Neuseeländer Sir Stephen Tindall, der britische Drehbuchautor und Regisseur Richard Curtis, die US-amerikanische Filmemacherin Abigail Disney, der dänisch-iranische Unternehmer Djaffar Shalchi, der US-

---

[105] Quelle: oxfam (https://www.oxfam.de/presse/pressemitteilungen/2020-07-13-80-millionaere-fordern-hoehere-steuern-reiche-wegen-folgen)

amerikanische Mitgründer der Eismarke Ben & Jerry's Jerry Greenfield sowie der US-amerikanische frühere Managing Director beim Unternehmen Blackrock, Morris Pearl.

Ist das nicht absolut bemerkenswert? Seit Jahrzehnten wird über eine höhere Besteuerung von Reichen diskutiert und jedes Mal endet die Diskussion damit, dass man das nicht machen könne, „da die Reichen ihr Geld sonst komplett in Länder wie die Schweiz transferieren".

Gibt es jetzt vielleicht eine neue Generation von philanthropischen Vermögenden? Schön wäre es.

Bis jetzt hat die Aktion bei den Finanzministern der großen Industriestaaten leider nicht die erwünschte Resonanz erzeugt, aber die Saat ist gesetzt.

Ich werde die Situation weiter beobachten und berichten.

"Ethische" Geldanlagen setzen sich durch

"Geld regiert die Welt". Diese Aussage ist betrüblich aber leider wahr. Wer Geld gespart hat, möchte natürlich, dass er eine gute Verzinsung bekommt. Die Ethik spielt hier im Regelfall kaum eine Rolle. Das führt dazu, dass kaum ein Anleger einen Einfluss darauf nimmt, in welche Unternehmen sein Geld investiert wird. Das können Rüstungsunternehmen sein, die das "Geschäft mit dem Tod" betreiben, oder Nahrungsmittel-Multis, die davon leben, dass sie der Bevölkerung ganzer Länder zur Fettleibigkeit verhelfen, oder Öl-Multis, die aus reinem Gewinnstreben riesige Gebiete vergiften.

Was wäre, wenn alle börsennotierten Unternehmen, die unsere Welt schädigen, kein "frisches" Geld ihrer Shareholder (Anteilseigner) mehr bekommen würden, wenn sie ihr schädliches Handeln nicht ändern?!

Die gute Nachricht:

Genau das passiert derzeit. Einer der größten Vermögensverwalter der Welt, "BlackRock", dem gigantische Finanzmittel anvertraut werden (zum Stand 31.12. 2017 waren es weltweit über 5,5 Billionen EURO[106]), führt seit dem 25. März 2019 bei bestimmten Global Funds keine Direktinvestitionen mehr in Unternehmen durch, die zu Recht in der öffentlichen Kritik stehen (Kernwaffen, Streumunition, Kraftwerkskohle, Tabak, Schusswaffen, Arbeitsnormenverstöße, Umweltschutzprobleme, Korruption, Alkohol, Glücksspiel u.ä.).

Zumindest für die Zukunft sind offenbar die Weichen gestellt, dass die schlimmsten Unternehmen nicht mehr finanziert werden, wenn sie ihre Verfahrensweisen nicht ändern. Ich bin überzeugt, dass sie das aber tun werden, denn sie brauchen das Geld von "BlackRock".

Diese vermeintlich kleine Änderung wurde in den Medien kaum publiziert, wird aber nach meiner festen Überzeugung einen sehr großen positiven Einfluss auf unsere Welt haben!

Ich werde die weitere Entwicklung beobachten.

---

[106] Quelle: Wikipedia (https://de.wikipedia.org/wiki/BlackRock)

 **Zukunftsorientierte Besteuerung kommt**

Durch die fortschreitende Digitalisierung fallen weltweit Arbeitsplätze weg, da Tätigkeiten soweit automatisiert werden, dass weniger oder keine Menschen mehr gebraucht werden. Auch entstehen immer mehr Unternehmen, die nichts im herkömmlichen Sinn produzieren, sondern nur Plattformen für Kommunikation u.ä. bieten. Grenzüberschreitend tätige digitale Unternehmen können durch aggressive Steuerplanung die Effektivbesteuerung bis auf Null senken. Dieser Trend wird nach Meinung von Zukunftsforschern durch die Weiterentwicklung der "Künstlichen Intelligenz" (KI) noch deutlich zunehmen.

Bislang haben sich viele Regierungen geweigert, daraus Konsequenzen zu ziehen und neue Besteuerungsmodelle zu entwickeln. Das ist nicht nur kurzsichtig, sondern wirtschaftlich gesehen auch extrem gefährlich, denn in absehbarer Zeit werden die herkömmlichen Steuer- und auch Rentensysteme nicht mehr auskömmlich sein.

Die erste gute Nachricht:

Es gibt schon einzelne Länder wie Österreich und Frankreich, die an die Zukunft denken und eine nationale Digitalsteuer beschlossen haben.

Die Digitalsteuer in Frankreich betrifft vor allem die US-amerikanischen Internetkonzerne wie Google, Apple, Facebook und Amazon (allgemein auch als GAFA bezeichnet). Die dreiprozentige Steuer wird bei etwa dreißig zumeist US-amerikanischen Unternehmen erhoben, die einen Umsatz von 750 Millionen Euro weltweit und davon mehr als 25 Millionen Euro in Frankreich erzielen[107].

Leider hat Emmanuel Macron am Rande des Weltwirtschaftsforums 2020 in Davos jetzt wieder einen Rückzieher gemacht: Auf Druck von Donald Trump, der mit einer milliardenschweren Steuer auf französische Luxusgüter drohte, hat er sich bereit erklärt, die Steuer bis zum Jahresende auszusetzen.

England hat beschlossen, dass nach dem Austritt aus der EU eine Digitalsteuer eingeführt wird. Die „Digital services tax" soll es Unternehmen wie der Google-Mutter Alphabet, Facebook oder Amazon erschweren, Gewinne in Staaten mit niedrigeren Steuersätzen zu verschieben.

Die zweite gute Nachricht:

Mark Zuckerberg, Chef des weltweit größten Social-Media-Netzwerkes "Facebook" tritt offenbar die Flucht nach vorne an. Denn im Rahmen der Münchner Sicherheitskonferenz im Februar 2020 äußerte er, dass Facebook es akzeptiere, künftig mehr Steuern zu bezahlen und dies in unterschiedlichen Ländern. Der Facebook-Chef räumte ein: "Ich verstehe, dass es frustrierend ist, wie Technologieunternehmen in Europa besteuert werden.

---

[107] Quelle: Wikipedia (https://de.wikipedia.org/wiki/Digitalsteuer)

Wir wollen auch eine Steuerreform und ich bin froh, dass sich die OECD damit befasst"[108].

Im April 2021 kam dann eine Nachricht wie ein Paukenschlag[109]:

Die führenden Wirtschaftsnationen (G20) nehmen Kurs auf eine weltweite Steuerreform noch in diesem Sommer. Bei der geplanten globalen Steuerreform geht es um zwei Säulen:

- eine globale Mindeststeuer für international tätige Konzerne und
- eine Digitalsteuer, durch die Internet-Riesen wie Amazon, Google, oder Apple nicht nur am Firmensitz, sondern auch dort Steuern zahlen, wo sie ihre Umsätze erzielen.

Das wäre zu schön, um wahr zu sein.

Ich werde die weitere Entwicklung genau beobachten.

---

[108] Quelle: Der BOTE vom 15.02.20, Seite 2
[109] Quelle: dpa-Nachricht, veröffentlicht in „Der Bote" vom 08.04.2021

 **Ein riesiges Steuerschlupfloch schließt sich**

Nein, das "Double Irish, Dutch Sandwich" ist kein Nahrungsmittel, sondern war viele Jahre lang eines der beliebtesten Steuerschlupflöcher, durch das amerikanische Konzerne Milliardengewinne aus Europa herausschleusten, ohne, dass der hiesige Fiskus viel davon sah.

Dahinter verbirgt sich eine komplizierte Konstruktion, bei der Geld aus Europa über zwei irische und eine niederländische Firma in eine Steueroase verschoben wird.

Allein Alphabet, der Mutterkonzern von Google, hat mit Hilfe dieser Praxis allein im Jahr 2018 fast 22 Milliarden Euro auf die Bermudas transferiert, vorwiegend Einnahmen aus Lizenzgebühren für Google's Patente. Das Schöne aus Sicht des Unternehmens: Auf den Bermudas fällt darauf keine Einkommensteuer an. Das Schlechte aus Sicht der Europäer: Auch hier minimiert Alphabet seine Steuerzahlungen.

In den Jahren davor waren die Beträge ähnlich eindrucksvoll, die der Google-Mutterkonzern von der alten Welt in die Karibik geschleust hat: 2017 hat Alphabet mit Hilfe des Firmen-Sandwichs fast 20 Milliarden Euro an Gewinnen transferiert, 2016 waren es annähernd 16 Milliarden Euro, wie aus Dokumenten hervorgeht, die das Unternehmen bei der niederländischen Handelskammer eingereicht hat[110].

Die gute Nachricht:
Alphabet hat am letzten Tag des abgelaufenen Jahres 2019 kundgetan, dass es dieses Verfahren ab 2020 nicht mehr anwenden will.

Das Lob dafür gebührt allerdings nicht dem Konzern aus dem Silicon Valley, sondern jenen Politikern, die dabei mitgeholfen haben, das Schlupfloch endlich zu schließen. Die meisten anderen EU-Staaten haben dazu massiven Druck auf Irland ausgeübt, auf ein Mitgliedsland der Union, das sich lange wie eine Steueroase aus der Karibik gerierte.

2014 beugte Dublin sich dem Drängen und versprach, das Steuer-Sandwich bis 2020 gänzlich abzuschaffen - so lange durften alle Unternehmen, die sich daran gewöhnt hatten, das Schlupfloch weiter nutzen.

Google tat es länger als die meisten anderen Unternehmen[49]. Aber lieber spät, als gar nicht, oder?!

---

[110] Quelle: SZ.de vom 1.1.2020 (https://www.sueddeutsche.de/wirtschaft/google-in-irland-ein-riesiges-steuerschlupfloch-schliesst-sich-1.4741802?utm_source=pocket-newtab)

Umweltschutz

Luftqualität wird in vielen Ländern besser

Es gibt kaum etwas Wichtigeres für uns Menschen, als die Qualität der Atemluft.

Die gute Nachricht:
Nach den Erhebungen der Europäischen Umweltagentur[111] ist die Anzahl der Menschen, die in Europa vorzeitig durch Feinstaub sterben, seit 1990 drastisch gesunken. Erst seit 2015 ist wieder ein leichter Anstieg zu beobachten.

Eine gravierende Ursache der hohen Luftbelastung ist wie wir inzwischen alle wissen, der immer mehr zunehmende Autoverkehr. Es werden zwar immer mehr umweltfreundliche Autos produziert (Diesel mit hochwertigen Filteranlagen, benzinsparende Hybrid-

---

[111] Website: https://www.eea.europa.eu/de

fahrzeuge, emissionsfreie E-Autos und Autos mit Flüssiggasbetrieb), aber nicht jeder kann es sich leisten, ein neues umweltfreundlicheres Auto zu kaufen.

Die gute Nachricht:
Es geht auch einfacher. Sie können ihr Auto noch einige Zeit behalten, wenn Sie künftig konsequent die Benzinsorte "Super E 10" tanken. Warum?
Der E 10-Sprit verringert nach einer aktuellen Studie des ADAC[112] gegenüber Super (E5) den Feinstaubausstoß um 70% und zusätzlich die Stickoxidemissionen um 25%.
Dies ganz ohne Nebenwirkungen, denn der Kraftstoffverbrauch bleibt gleich.
Auch muss man keine Angst mehr haben, dass Motorschäden eintreten. 99 % aller Pkw deutscher Hersteller können laut Verband der Automobilindustrie E10 ohne jede Einschränkung tanken. Wer auf Nummer sicher gehen will, sich vor dem ersten tanken die Herstellerliste im Internet ansehen[113].
Was als angenehmer Nebeneffekt noch dazu kommt: E 10 ist billiger als Super (E5).

Leider wird für Super E10 von Seiten der Ölindustrie kaum Werbung gemacht, im Gegenteil, auf den Zapfsäulen kleben meist noch die alten Warnhinweise (… mit dem Hersteller klären, ob das Auto E10 verträgt, im Zweifelsfall nicht tanken…). Da ist es kein Wunder, dass der Marktanteil von Super E10 nur 13,4% beträgt (Stand 2018)[114].

---

[112] Quelle: Magazin "ADAC motorwelt" Ausgabe 6/2019, Seite 8
[113] Liste siehe: https://www.e10tanken.de/
[114] Quelle: Marktdaten des BDBe (https://www.bdbe.de/daten/marktdaten-deutschland)

Die Beimischung von Bioethanol ist allerdings nicht unumstritten. Umweltverbände fordern, dass die Autoindustrie lieber sparsamere Autos entwickeln müsste, bevor Futtermittel als Treibstoff herhalten müssen. Dieser Konflikt ist nicht so einfach zu lösen.

Ich glaube, man sollte das eine tun und das andere nicht lassen: Wer sich ein neues sparsameres Auto leisten kann, sollte das natürlich tun, aber für alle anderen ist der E10-Sprit eine wunderbare Möglichkeit, ohne Aufwand die eigene Schadstoff-Bilanz deutlich zu verbessern.

 **Schiffe werden sauberer**

Die Schifffahrt wickelt rund 80% des Welthandels ab. Im Jahr 2018 wurden elf Milliarden Tonnen Güter über das Meer transportiert, so viel wie noch nie[115].

Auf der Strecke bleibt aber der Umweltschutz: Die Redereien verfeuern als Treibstoff auf hoher See stark schwefelhaltiges Schweröl. Bei der Verbrennung von Schweröl entstehen Schwefel- und Stickoxide. Sie entweichen mit dem Rauch in die Luft.

Die erste gute Nachricht:
Zum Jahresende 2019 ist damit Schluss, sofern keine besonderen Reinigungsanlagen an Bord sind. Die Internationale Schifffahrtsorganisation (IMO) hat über Jahre die Vorschriften für den Schwefelgehalt der Treibstoffe verschärft und geht nun einen weiteren Schritt:

---

[115] Quelle: UN-Konferenz für Handel und Entwicklung (Unctad)

Weltweit darf der Brennstoff für Dieselmotoren an Bord nicht mehr als 0,5% Schwefel enthalten statt wie bisher 3,5%. Das ist ein immenser Fortschritt, aber im Vergleich zu Pkw und Lkw immer noch viel zu viel, denn dort gibt es viel ambitioniertere Grenzwerte.

Besonders im Fokus der Kritik steht bekanntlicherweise die Kreuzfahrtindustrie. Deren Anteil am Gesamtschadstoffausstoß der Schifffahrt wird allerdings überschätzt, da auf sie nur 400 bis 500 der bis zu 17.000 betroffenen Schiffe entfallen.

Die Kreuzfahrtindustrie benutzt zum größten Teil weiter stark schwefelhaltiges Schweröl, da sie stärker auf Abgasreinigungsanlagen setzt[116]. Wie gut oder wie schlecht diese arbeiten, weiß allerdings niemand.

Die zweite gute Nachricht:
Es gibt zwei Kreuzfahrtschiffe, die mit dem umweltfreundlicheren Flüssiggas angetrieben werden: Die AIDANova der deutschen Reederei "AIDA" und die CostaSmeralda der italienischen Reederei "COSTA".

Und immer mehr Reedereien erkennen die Zeichen der Zeit:
Das deutsche Unternehmen "HAPAG-LLOYD", bei dem so gefragte Schiffe wie die MS-Europa fahren, verspricht derzeit in ganzseitigen Werbeanzeigen, dass ab Juli 2020 alle Schiffe weltweit nur noch das schwefelarme Marine-Gasöl 0,1% verwenden werden.

Auch Norwegens "Hurtigruten" werden umweltfreundlicher. Ein Großteil der Flotte wird nach eigenen Angaben auf Hybridantrieb, der mit einem elektrischen Akkusystem und mit Flüssiggas (LNG) oder flüssigem Biogas aus organischen Abfällen (LBG) betrieben wird, umgerüstet[117].

---

[116] Quelle: dpa-Meldung vom 30.12.2019
[117] Quelle: stern vom 09.01.2020, Seite 76

Ein Skandal ist, dass die Schiffe der Branchenriesen MSC, Royal Caribbean und TUI Cruises immer noch mit Schweröl betrieben werden.

Laut dem Naturschutzbund Deutschland e. V. (NABU) stößt ein großes Kreuzfahrtschiff, das mit Schweröl angetrieben wird, so viel Schadstoffe aus wie fünf Millionen Autos auf gleicher Strecke[118].

Aber auch das ist ein Punkt, den wir Verbraucher positiv beeinflussen können:

Wenn Sie vor Ihrer nächsten Kreuzfahrt bei der Reederei ausdrücklich nachfragen, welche Schiffe mit Flüssiggas betrieben werden und dies bei der Buchung berücksichtigen, werden sich die Anbieter darauf einrichten.

Nur wenn die Nachfrage nach "Dreckschleudern" dramatisch sinkt, werden alle Reedereien reagieren (müssen).

---

[118] Quelle: travelbook.de (https://www.travelbook.de/reisen/kreuzfahrten/nabu-kreuzfahrtranking-kreuzfahrtschiffe-umwelt)

 **Lkw werden umweltfreundlicher**

Die EU hat im Juni 2019 die Weichen dafür gestellt, dass die CO_2-Emissionen der Lkw künftig sinken werden. Allerdings betreffen die Vorgaben nur neue Lkw.

Konkret sind die CO_2-Emissionen der EU-Flotte aller neuen Lkw– gegenüber den „Referenz-CO_2-Emissionen" ab 2025 wie folgt zu reduzieren:

- für die Berichtszeiträume ab 2025 um einen Reduktionsfaktor von insgesamt 15%,
- für die Berichtszeiträume ab 2030 vorläufig um einen Reduktionsfaktor von 30%; sofern nicht nach einer Überprüfung 2022 etwas anderes beschlossen wird[119].

Das ist schon mal nicht schlecht, ist aber kaum der "große Wurf".

---

[119] Quelle: Centrum für Europäische Politik (https://www.cep.eu/monitor/cep/co2-zielvorgaben-fuer-neue-lkw-verordnung.html)

Viel besser klingt da die Nachricht der amerikanischen "Nikola Motor Company"[120]:

Sie baut ab 2022/23 den abgasfreien Lkw "Tre" mit Wasserstoffantrieb nicht nur für Europa, sondern auch in Europa. Exklusiver europäischer Partner ist Iveco. Iveco steuert Know-how, Produktionskapazitäten, Infrastruktur und 250 Millionen Dollar bei.

Was Tesla für die Autoindustrie im Pkw-Bereich für viele darstellt, ist die Nikola Corporation bei den Lkw. Ein Disruptor, der mit neuen Ideen alternative Antriebskonzepte vorantreibt. Im Gegensatz zu Tesla-Chef Elon Musik sucht Trevor Milton, CEO bei Nikola, aber den Schulterschluss mit etablierten Anbietern. (Auszug Ende)

Ein vielversprechendes Joint-Venture!

---

[120] Quelle: auto-motor-sport (https://www.auto-motor-und-sport.de/elektroauto/nikola-iveco-cnh-industrial-joint-venture-elektro-lkw/)

 **Millionen Austern werden zur Wasserreinigung eingesetzt**

Heute ist es nur schwer vorstellbar - aber einst trug New York den Titel der Austern-Welthauptstadt. Als der britische Seefahrer Henry Hudson im Jahr 1609 in die Gewässer vor der heutigen Metropole kam, umfassten die Austernbänke mehr als 890 Quadratkilometer. Zur Einordnung: Das entspricht der Fläche der Stadt Berlin.

Manhattan wuchs in die Breite und Höhe, und die sumpfig-steinigen Ufer im Tidengewässer - ein ideales Zuhause für Austern - wurden von Schottwänden und Piers verdrängt. Hinzu kam, dass tonnenweise Abwasser und Chemikalien in die Gewässer geleitet wurden.

Seitdem steht die Frage im Raum: Können sich die abgeernteten Bestände erholen und dank ihrer hohen Filterleistung vielleicht sogar helfen, die Wasserqualität zu verbessern?

Immerhin lässt jede einzelne der Muscheln pro Tag rund 240 Liter Wasser durch ihren Körper strömen, um so an verwertbare Nährstoffe zu kommen[121].

Die gute Nachricht:
Der Mensch versucht erfolgreich, die von ihm verursachten Probleme wieder zu lösen. Das "Billion Oyster Project" recycelt pro Woche 3,6 Tonnen Austernschalen von etwa 80 Restaurants New Yorks und verwandelt sie in Brutplätze für Austern-Larven. In sogenannten Hafenlabors werden dafür zunächst Keimzellen in Wassertanks befruchtet. Die dabei entstehenden Larven werden mit Algenkulturen versorgt und nach zwei bis drei Wochen in Tanks zu den Restaurant-Schalen gesetzt.

28 Millionen Austern haben Schüler - die öffentlichen Schulen binden das Non-Profit-Projekt in ihren Unterricht ein - und Freiwillige in fünf Jahren seit Projektbeginn bereits ins Wasser gebracht. Was nach viel klingt, ist für Direktor Pete Malinowski erst der Anfang. Ziel seien eine Milliarde Austern, geschafft sind also gerade einmal 2,8 Prozent. Eine Milliarde Austern würden das stehende Wasser im Hafen einmal alle drei Tage reinigen[79].

Ein tolles Projekt einer „Non-Profit-Organisation", das nicht nur der Umwelt hilft, sondern auch Schülern konkret zeigt, dass jeder von uns dabei helfen kann, die Welt ein kleines bisschen besser zu machen.

---

[121] Quelle: Spiegel Wissenschaft (https://www.spiegel.de/wissenschaft/natur/new-york-austern-sollen-wasser-vor-manhattan-filtern-a-1266252.html)

TOYOTA gibt eine Garantie von einer Million Kilometern oder 10 Jahren auf Batterien von Elektroautos

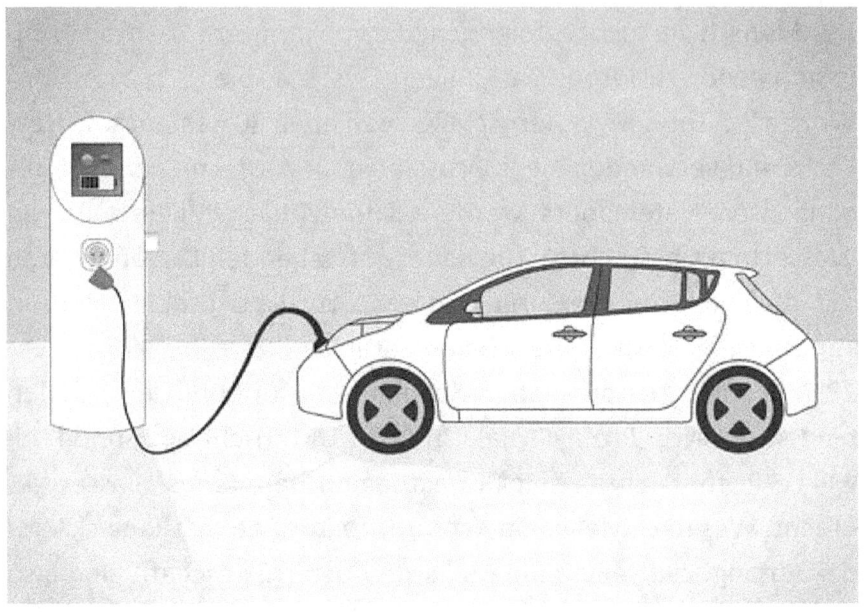

„Die Batterien von Elektroautos sind umweltbelastend in der Herstellung, haben eine begrenzte Haltbarkeit und wenn sie kaputt gehen, wird es teuer". So die Einschätzung vieler Interessenten von Elektroautos. Da die Autoindustrie dies bislang nicht abstreiten konnte, schreckte die Batterie tatsächlich viele potentielle Käufer ab. Dadurch wird die dringend erforderliche Energiewende im Automobilbau erheblich gehemmt.

Jetzt wird sich das zumindest im Punkt Haltbarkeit ändern: TOYOTA gibt auf die Batterie des neuen „Lexus UX300e" eine Garantie für eine Million Kilometer oder zehn Jahre. Der Lexus ist mit 50.000 EURO kein billiges E-Auto, aber das wird Folgen haben für die Branche.

Aber ist so eine Garantie überhaupt realistisch oder nur eine leere Werbeversprechung?

ZEIT ONLINE schreibt hierzu folgendes[122]:

„Im Ergebnis ist der plausibelste Grund für die versprochene Haltbarkeit ein schonendes Batteriemanagement. Hier kann der Toyota-Konzern auf die Erfahrung mit über 15 Millionen verkauften Hybrid-Pkw zurückgreifen. Eine simple und wirksame Maßnahme, um die Lebensdauer zu erhöhen, ist zum Beispiel, den sogenannten Ladehub zu begrenzen. Vereinfacht gesagt kann von der theoretisch verfügbaren Batteriekapazität nur ein Teil genutzt werden. Während die Fahrerin den Eindruck hat, den elektrochemischen Speicher von 0 auf 100 Prozent zu laden, lädt sie in Wirklichkeit von 20 auf 80 Prozent. Das machen praktisch alle Autohersteller so.

Entsprechend sind auch alle anderen Parameter vorsichtig ausgelegt: Die Ladeleistung- und damit Geschwindigkeit beträgt beim Lexus UX300e "bis zu 50 Kilowatt", was relativ wenig ist. Gleichzeitig ist das Temperaturmanagement konservativ: Die Batterie wird aktiv über die klimatisierte Innenraumluft gekühlt oder im Winter per Strom beheizt. Bei Wohlfühltemperatur halten die Zellen am längsten.

Inzwischen ist sich Toyota der Sache so sicher, dass man für den VW-Bus-Konkurrenten Proace Electric eine Million Kilometer Batteriegarantie über sogar 15 Jahre gibt. Die Wettbewerber werden nachziehen müssen – und arbeiten teils auch schon daran".
(Zitat Ende)

Ich finde, ein gutes Signal, nur schade, dass es nicht von einem europäischen Hersteller ausgeht...

---

[122] Quelle: Zeit online (https://www.zeit.de/mobilitaet/2020-06/elektroautos-batterien-akku-e-mobilitaet-autoindustrie-garantie?utm_source=pocket-newtab-global-de-DE)

„Vertical-Farming" spart Wasser und Pestizide und schont den wertvollen Ackerboden

Unsere Landwirtschaft steckt in vielen Bereichen in der Krise: Unverhältnismäßig hoher Wasserverbrauch, extensiver Einsatz von Pestiziden und Herbiziden, ungeeignete Bodenbearbeitung und ähnliches sind die Vorwürfe von Umweltexperten.

Wir brauchen daher dringend neue Ideen, wie wir unsere Lebensmittel künftig umweltschonender erzeugen können.

Die gute Nachricht:
Diese Ideen gibt es. Stellen Sie sich vor, in Supermärkten stehen an einer Wand hohe Glasvitrinen, die auf den ersten Blick aussehen wie typische Supermarkt-Tiefkühlschränke. Doch darin liegt keine Fertigware, sondern es wachsen Kräuter und Salat in Wasserbehältern heran – völlig ohne Sonnenlicht und ohne Erde.

Zweimal die Woche kommen zwei „Gärtner" vorbei, öffnen das Hightech-Treibhaus, pflegen, ernten und übergeben die Ware direkt an die Verkaufstheke.

Science-Fiction? Keineswegs.

Dieses „Vertical-Farming", auch „Indoor-Farming" genannt, ist Teil einer Bewegung die seit ca. 2013 immer mehr Dynamik bekommt. In Treibhäusern auf vielen Etagen werden Gemüse, Obst und Kräuter herangezogen. Dies erfolgt vollautomatisch mit umfangreicher Sensorik für richtige Belüftung, Temperatur und Nährstoffgehalt des Wassers.

Die Vorteile gegenüber der herkömmlichen Landwirtschaft sind enorm:
- 95% weniger Wasserverbrauch
- Kein Einsatz von Pestiziden und Herbiziden
- 20 bis 30 Ernten pro Jahr.

Dem entgegen steht allerdings ein hoher Aufwand, vor allem an Energiekosten. Gewächshäuser mit Beleuchtungs- und Bewässerungssystemen brauchen viel Strom.

Genau dort hilft moderne LED-Lichttechnik. Und zwar nicht nur, weil sie generell energieeffizienter ist. Neuerdings ist es auch möglich, mit LEDs nur bestimmte Bereiche des Lichtspektrums abzudecken, nämlich genau jene, die die jeweilige Pflanze tatsächlich braucht[123].

Die konventionelle Landwirtschaft kann man dadurch natürlich nicht ersetzen. Für Massenware wie Kartoffeln, Getreide, Reis oder Mais sind so große Mengen und Flächen erforderlich, dass ein Umsatteln auf Indoor-Farming vorerst keinen Sinn ergibt.

---

[123] Quelle: Der Tagesspiegel (https://www.tagesspiegel.de/wissen/indoor-farming-erleuchtung-fuers-gemuese/23795594.html)

Großes Potenzial für das Indoor-Farming schlummert nach Expertenmeinung aber im Anbau von Arzneipflanzen.

Denn draußen auf dem Feld schwankt mit den Umweltbedingungen auch die Menge der wirksamen Inhaltsstoffe pro Pflanze. Die Arznei wirkt daher mal besser, mal schlechter.

Durch die präzise Steuerung der Wachstumsbedingungen im Indoor-Farming aber müsste sich auch die Konzentration der Wirkstoffe steuern lassen. Pflanzliche Arzneien könnten so verlässlicher werden[80].

Das sind doch gute Aussichten, oder?!

 **„Urban Gardening" nimmt zu**

Aus vereinzelten Balkongärtnern und Laubenpiepern ist eine Bewegung geworden: in den Städten dieser Welt wird an allen möglichen und unmöglichen Orten gebuddelt, gepflanzt und geerntet. Auf Brachen, Dächern, Mauern und Grünstreifen werden Blumen gezüchtet und Möhren aus der Erde gezogen. Mit jedem Beet wird wieder ein Stück Natur in die Stadt geholt.

Die urbanen Gartenbewegung, die seit Mitte der 90er Jahre stetig wächst, scheint ihre Wurzeln in den New Yorker Gemeinschaftsgärten der 70er.Jahre zu haben. Die Community Gardens waren – und sind - grüne Oasen auf innerstädtischen Brachen mit Blumenbeeten und Gemüseanbau zur Selbstversorgung. Neu an diesen Gärten war, dass sie gärtnerische, ernährungspolitische, ökonomische, soziale, künstlerische und stadtgestalterische Fragen miteinander verknüpften und gängigen (Lebens-)Modellen andere Praktiken entgegensetzen. Die Idee verbreitete sich rasch in ganz Nordamerika.

Aus diesen frühen Gemeinschaftsgärten haben sich verschiedenen Konzepte nicht-kommerzieller kollektiver Gartenprojekte entwickelt und weiterverbreitet: Interkulturelle Gärten, City Farms, Nachbarschaftsgärten, Kinderbauernhöfe, Schulgärten, Guerilla Gardening.

Ein reicher Fundus gärtnerischer Praktiken und Ideengeber für die Zukunft der städtischen Landwirtschaft ist auch Kuba. Mit dem Ostblock brach auch die Wirtschaft in Kuba zusammen und zwang das Land zu einer ökologischen Umstellung. Die staatlich unterstütze urbane Landwirtschaft sollte die Auswirkungen der Wirtschafts- und Ernährungskrise abmildern. Mit einfachsten Methoden und viel Einfallsreichtum wachsen dank der „Revolución Verde" heute mehr als zwei Drittel des in Havanna verzehrten Obst und Gemüses innerhalb der Stadtgrenzen[124].

Besonders beeindruckend ist für mich ein Projekt, das die französische Hilfsorganisation „SOLIDARITÉS INTERNATIONAL" im größten Slum Afrikas, in Kibera, im Südosten Nairobis initiierte:
100-Kilo-Säcke wurden mit Mutterboden und Steinen befüllt. Die Säcke nehmen eine Fläche von nur 30x30 Zentimeter ein und lassen sich dadurch in Slums aufstellen, wo zwischen Wellblechhütten, Müll und offenen Latrinen kein Platz für normale Gärten und Felder ist. In den Säcken wird Grünkohl herangezogen, der in Kenia sehr beliebt ist und dort ganzjährig bestens wächst.
Diese „Green Sacks" liefern den Slum-Bewohnern, die sich ansonsten nur von dem aus Maismehl und Wasser gekochten „Ugali" ernähren, die einzige Quelle für Vitamine und Mineralien. Wer über mehr als einen Sack verfügt, kann alle paar Tage Gemüse ernten.

---

[124] Quelle: reset.org (https://reset.org/knowledge/urban-gardening-mit-gaerten-die-welt-veraendern)

Was für den Eigenbedarf zu viel ist, wird auf dem Markt verkauft[125].

Ein geniales Beispiel dafür, wie man auch mit einfachsten Mitteln die Welt positiv verändern kann, wenn man gute Ideen hat und sie auch umsetzt („Es gibt nichts Gutes, außer man tut es").

---

[125] Quelle: Harald Lesch + Klaus Kamphausen: „Wenn nicht jetzt, wann dann?", erschienen im Penguin Verlag

Großstädte werden zu „Waldstädten"

Wir alle kennen die typischen Probleme von Großstädten: Zu viel Straßenverkehr, zu schlechte Luft, zu teurer Wohnraum, zu viel Müll, zu wenig Grünflächen.

Das wird sich künftig ändern, wenn es nach den Ideen innovativer Städteplaner geht. Im südostasiatischen Stadtstaat Singapur kann man sich jetzt schon informieren, wie umweltfreundlich die Megacity der Zukunft aussehen wird[126]:

Mit 42.000 neuen Wohnungen in fünf Wohnvierteln soll im Bezirk Tengah Singapurs „Waldstadt" entstehen: Eine nachhaltige Stadt im Stadtstaat mit viel intelligenter Technologie für mehr Energieeffizienz, dabei naturnah mit begrüntem, öffentlichem Raum. Mehrgeschossige Mehrfamilienhäuser gruppieren sich um Parks und Wasserflächen, die für ein gutes Mikroklima sorgen sollen.

„Naturnah" solle es werden, schwärmen die Planer. Und autofrei – Autos, Straßen und Parkplätze werden unter das Stadtzentrum verlagert.

---

[126] Quelle: energiezukunft vom 17.02.2021 (https://www.energiezukunft.eu/bauen/singapur-plant-smart-city-mit-gruenem-wohlfuehlfaktor/)

Im Untergeschoss sollen Elektroautos fahren, unterirdische Ladestationen machen das möglich. Man setze auf autonome, elektrische Fahrzeuge – mit Solarstrom betrieben. Oben Fußgänger und Radfahrer. Vor allem das Radeln habe in Singapur in den letzten Jahren Konjunktur, berichten die Planer.

Ein Stadtzentrum mit Angebot für den täglichen Bedarf und Dienstleistungen sowie medizinische Einrichtungen, ein Sportzentrum und ein integriertes Gemeindezentrum sollen fußläufig für jeden Bewohner erreichbar sein. Busse und Bahnen verbinden die Bewohner mit Singapur und den benachbarten Vierteln.

Die Metropole Singapur produziert eine Menge Emissionen – das ist nicht zuletzt den immer laufenden Klimaanlagen und Servern geschuldet: Denn ähnlich wie in anderen Metropolen des Südens mit warmen Temperaturen, die durch die Erderwärmung nun auch noch stetig steigen, sind die Städter angenehm kühle Temperaturen in ihren Häusern gewohnt und wollen zudem rund um die Uhr online sein.

HDB will in Tengah ein zentrales Kühlmanagement testen, um die Temperatur in den einzelnen Wohnungen zu regulieren – ein mit Solarenergie betriebenes Wasser-Kühlungssystem soll die Gebäude und Wohnungen verbinden und so die klassischen, umweltschädlichen Klimaanlagen ersetzen. Mittels Computersimulationen haben die Planer Windfluss und Wärmegewinne berechnet mit dem Ziel, Wärmeinseleffekte im Quartier zu vermeiden. Beleuchtung und Müllentsorgung werden digital gesteuert: Licht reagiert im öffentlichen Raum auf Bewegung und wird automatisch an- oder ausgeschaltet.

Mit smarter Haustechnik könnten die Bewohner in Zukunft den Energie- und Wasserverbrauch Ihres Haushalts über eine App kontrollieren und Anpassungen vornehmen. Digitale Anzeigen informieren die Wohnblocks jeweils über ihre kollektiven Umweltauswirkungen – das soll die Bewohner zu einem umweltbewussten Verhalten anspornen, spekulieren die Planer.

Statt mit LKWs Müll aus jedem Wohnblock zu sammeln, soll der Müll aus den Wohnungen über ein pneumatisches System in eine zentrale Station gesaugt und von dort abtransportiert werden.

Die ersten Häuser sollen 2023 fertiggestellt und laut HDB voraussichtlich 70 Prozent der Wohnungen vermietet werden (Ende des Auszugs).

Ich bin sehr gespannt, wie sich dieses Projekt entwickelt und ob andere Städte diesem Beispiel folgen werden!

 **Gewinnung „seltener Erden" wird umweltfreundlicher**

Die Seltenerdmetalle, oder Selten-Erd-Elemente (SEE), sind nicht wirklich selten - eigentlich kommen sie überall vor, allerdings in kleinen Mengen.
Größere, wirtschaftlich rentable Lagerstätten sind tatsächlich spärlich gesät.
Smartphones, Notebooks, LED-Leuchten, Elektromotoren - diese und noch viel mehr Hightech-Produkte würden ohne Seltene Erden nicht funktionieren.
Da sie billig aus China zu bekommen waren, hatten andere Länder seit den 1990er-Jahren die nicht so einfache und oft umweltschädliche Förderung zurückgefahren. Auflagen wurden häufig missachtet, beim Abbau mit Säuren, die die Metalle aus den Bohrlöchern waschen, entstanden Abfallprodukte und giftige Abwässer, die das Grundwasser verschmutzten.

Die gute Nachricht:

Damit könnte schon bald Schluss sein. Forscher um den deutschen Geoökologen Oliver Wiche sind davon überzeugt, dass der Bedarf an Germanium mittels modernem Phytomining (Pflanzen-Ernte) durchaus gedeckt werden könne[127].

Das Metall setzt sich dabei hauptsächlich in den Wurzeln und den Stilen der Pflanzen ab. Die Früchte, wie etwa die Maiskörner sind für Pflanzenfresser nach wie vor genießbar.

Das Bundesforschungsministerium fördert Phytomining in Deutschland mit 1,2 Millionen Euro.

Mit Hilfe der Förderung der Forschungen von Phytomining versprechen sich die Forscher viel. Zusammen mit Studenten und Kollegen hat der Biowissenschaftler Oliver Wiche von der Technischen Universität Bergakademie Freiberg in Uni-Nähe einen 1000 Quadratmeter großen Versuchsacker angelegt. Dort werden 30 einheimische Acker- und Energiepflanzen angebaut. Bislang fanden schon drei Ernten statt. Vor allem Schilf und Hirse erweisen sich als ziemlich Wertstoff-hungrig. Hier konnten bereits pro Kilogramm Trockenmasse vier Milligramm des Metalls Germanium extrahiert werden.

Die Forscher haben noch ein wenig Arbeit vor sich. Bisher ist das Extrahierungsverfahren noch etwas tückisch und kann im Großen noch nicht realisiert werden. Hier gilt es die chemischen Prozesse anzupassen.

Darüber hinaus wird daran gearbeitet die Ausbeute zu erhöhen um einen wirtschaftlichen Anreiz zu geben. Es wird eine Ausbeute von sechs bis zehn Milligramm des Metalls forciert. Das ist den Experten nach durchaus realisierbar.

Um mit der Effizienz des Bergbaus mithalten zu können und die Bilanz zu dominieren, gilt es weitere Schritte zu initiieren.

---

[127] Quelle: Trendsderzukunft.de (https://www.trendsderzukunft.de/phytomining-forscher-gewinnen-seltene-erden-und-metalle-aus-pflanzen/)

So lohnt sich das Ganze nur, wenn die Energiepflanzen nach der Filtration der Metalle und seltenen Erden auch in Biogasanlagen weiterverwertet werden. Die Verbrennung von Mais eignet sich dabei Bestens für die Gewinnung von grünem Strom und Wärme. Aus der verbrannten Asche ließen sich in der Folge weitere Metalle noch gewinnen.

Die Zukunft stellt also einen effizienten Mix aus Phytomining und der Gewinnung grüner Energie dar.

 **Plastikmüll wird begrenzt**

Wir Europäer erzeugen jedes Jahr 25 Millionen Tonnen Kunststoffabfälle. „Wenn wir nicht die Art und Weise ändern, wie wir Kunststoffe herstellen und verwenden, wird 2050 in unseren Ozeanen mehr Plastik schwimmen als Fische", sagte der Erste Kommissionsvizepräsident Frans Timmermans.

„Die einzige langfristige Lösung besteht darin, Kunststoffabfälle zu reduzieren, indem wir sie verstärkt recyceln und wiederverwenden. Mit der EU-Strategie für Kunststoffe treiben wir ein neues, stärker kreislauforientiertes Geschäftsmodell voran. Wir müssen in innovative neue Technologien investieren, die unsere Bürger und unsere Umwelt schützen und gleichzeitig unsere Industrie wettbewerbsfähig halten."[128] (Zitat Ende)

---

[128] Quelle: Website der EU (https://ec.europa.eu/germany/news/20180116-plastikstrategie_de)

Die gute Nachricht:
Die EU nimmt nun endlich den Kampf gegen die Verschmutzung unserer Meere mit Plastikmüll auf. Die Plastik-Strategie enthält eine lange Liste von Maßnahmen, mit denen die EU Plastikverschmutzung reduzieren will.
Vor allem die drei folgenden Punkte bedeuten einen deutlichen Fortschritt:

- Die EU will Gesetze zur Reduktion von Einwegplastik vorlegen. Das ist dringend nötig: Denn Produkte wie Einwegflaschen, Coffee-to-go-Becher oder Zigarettenfilter werden häufig achtlos weggeworfen. Einmal in die Umwelt gelangt, bleiben sie dort hunderte Jahre. Bei Plastiktüten wurde die EU bereits aktiv – und sie hat eine starke Reduktion des Tütenverbrauchs erreicht. Jetzt sollen auch Gesetze gegen weitere Einwegartikel folgen.
- Bis 2030 soll Verpackungsmüll zu 100 Prozent recyclebar sein. Heute wird nur ein kleiner Teil des EU-Plastikmülls recycelt, während 30% auf Mülldeponien landet und 40 Prozent verbrannt wird. Das ist eine riesige Verschwendung und nicht selten wird der Müll von Deponien in die Umwelt geweht. Damit die Wiederverwertungsquote deutlich steigt, soll Verpackungsmüll bis 2030 vollständig recyclebar sein.
- Die EU will den Zusatz von Mikroplastik in Produkten reduzieren. Shampoo, Waschmittel, Hautlotions – die Industrie setzt vielen Produkten Mikroplastik hinzu. Und das landet über das Abwasser direkt in Flüssen und Meeren. Die EU will jetzt dagegen vorgehen. Mithilfe der REACH-Verordnung, welche die Zulassung von Chemikalien regelt, soll der Zusatz von Mikroplastik eingeschränkt werden.

Dass die EU jetzt ernst macht im Kampf gegen Plastikmüll ist auch ein Erfolg des europaweiten Plastik-Appells der Umweltschutzorganisation "campact". Seit Sommer vergangenen Jahres haben mehr als 750.000 Menschen aus ganz Europa den Appell unterzeichnet.

Die Aktivitäten gehen aber lobenswerterweise auch über die EU hinaus. Der "Deutschlandfunk Nova" publizierte folgendes [129]:
"Auch die Unternehmen haben scheinbar begriffen, dass endlich etwas gegen Plastikmüll getan werden muss und machen deshalb jetzt beim "New Plastics Economy Global Commitment" mit, darunter große Namen wie Danone, Johnson and Johnson, L'Oreal, Pepsi, Coca-Cola, H&M und Unilever.
Das Ganze wurde entwickelt von der Ellen MacArthur Foundation, einer Wohltätigkeitsorganisation aus Großbritannien. Sie hat dafür mit den Vereinten Nationen zusammengearbeitet.
Insgesamt hat die weltweite Initiative 290 Mitglieder aus der Wirtschaft, aber auch Wissenschaft, Finanzbranche, öffentliche Institutionen oder gemeinnützige Organisationen sind mit an Bord. Auch viele Verpackungshersteller, Plastikproduzenten und Recyclingunternehmen haben die Vereinbarung unterschrieben.
Die Firmen, die beim "New Plastics Economy Global Commitment" mitmachen, produzieren ein Fünftel des globalen Plastikmülls.
Als großes Ziel haben sich die Unterzeichner drei große Ziele gesetzt: Weglassen – neu erfinden – in den Kreislauf bringen.
- *Weglassen bedeutet: Wenn ein Produkt nicht unbedingt eine Kunststoffverpackung braucht – so wie eine Banane oder eine Orange – dann wird sie weggelassen.*

---

[129] Quelle: Deutschlandfunk Nova vom 16.11.18 (https://www.deutschlandfunknova.de/beitrag/new-plastics-economy-global-commitment-weltweite-firmen-initiative-gegen-plastikmuell)

- *Innovation: Bis 2025 sollen hundert Prozent der Plastikverpackungen wiederverwendet, recycelt oder kompostiert werden können – also zum Beispiel eine PET-Flasche, aus der dann Textilfasern gemacht werden.*
- *Circulate: Einmal produziertes Plastik soll in einen Kreislauf kommen, also direkt wiederverwendet oder recycelt und dann zu neuen Produkten verarbeitet werden.*

Alle Unternehmen haben unterschrieben, jedes Jahr öffentlich darzulegen, wie es bei ihnen um die Anforderungen aus dem Vertrag steht". (Auszug Ende)

Sehr interessant ist auch die Idee der "Plastic Bank"[130]:

"Eine Bank, die Plastik nimmt" – so beschreibt David Katz, Gründer von Plastic Bank, die Grundidee des Start-ups. Das Konzept sei einfach: Wer an Sammelstationen Verpackungsabfall abgibt, bevor dieser in Gewässer oder Ozeane gelangt, könne damit Geld verdienen oder Sozialleistungen in Anspruch nehmen. Anschließend werde der abgegebene Abfall sortiert, verarbeitet und der Recycling-Wertschöpfungskette zugeführt. Insgesamt 4000 Tonnen Kunststoffabfall seien bisher an 26 Sammelstellen auf diese Weise zusammen gekommen. „Mit dieser einzigartigen Idee wird nicht nur das Abfallproblem angegangen, sondern auch die Lebenssituation von Menschen in Armut verbessert". (Auszug Ende)

Unterstützt wird das Projekt, das derzeit n Brasilien, Indonesien, auf Haiti und auf den Philippinen läuft, u.a. von ALDI, Henkel und der Kosmetikfirma Lush.

---

[130] Quelle: Recycling magazin.de (https://www.recyclingmagazin.de/2019/03/12/aldi-kooperiert-mit-plastic-bank/)

Naturschutzgebiete als Chance

Wie der Dalai Lama kam auch Papst Franziskus im Jahr 2015 zum Schluss, dass es der Erde ohne Menschen besser ginge. Diese Einigkeit lässt hoffen. Christlich orthodoxe Bischöfe haben sich der Öko-Intention des Papstes bereits angeschlossen. Den Satz aus dem Alten Testament „Macht euch die Erde untertan" hatten die Theologen lange falsch interpretiert. Er kann nach dieser Enzyklika nur so gedeutet werden: "Macht euch der Erde untertan."

Franziskus wörtlich: „*Wir sind nicht Gott. Die Erde war vor uns da und ist uns gegeben worden... die Harmonie zwischen dem Schöpfer, der Menschheit und der Schöpfung wurde zerstört durch unsere Anmaßung, den Platz Gottes einzunehmen. Wir sind begrenzte Geschöpfe.*"[131] (Auszug Ende)

---

[131] Quelle: Sonnenseite (http://www.sonnenseite.com/de/franz-alt/kommentare-interviews/papst-franziskus-macht-euch-der-erde-untertan.html)

Wie können wir die Erde besser schützen, als wenn wir Naturschutzgebiete einrichten?! Der Umfang der weltweiten Naturschutzgebiete ist also ein guter Indikator für die Vernunft der Menschheit. Hier ist noch viel zu tun:
Der Anteil der Erdoberfläche, der als Nationalpark oder Naturschutzgebiet ausgewiesen ist, betrug im Jahr 1900 nur verschwindend geringe 0,03%.

Die erste gute Nachricht:
Im Jahr 2016 waren es immerhin 14,7% mit steigender Tendenz[132].

Die zweite gute Nachricht:
Greenpeace hatte sich jahrzehntelang vergeblich dafür eingesetzt, dass das riesige Herzstück des "Dvinsky-Urwaldgebietes" in Russland unter Schutz gestellt wird. Mit 300.000 Hektar ist es etwa so groß wie das Saarland.
Jetzt ist dies endlich gelungen.
Diese unberührte Waldwildnis bietet Lebensraum für unzählige Pflanzen- und Tierarten, darunter Braunbären, Uhus und Vielfraße[133].

---

[132] Quelle: Hans Rosling, Factfulness, S. 80
[133] Quelle: Greenpeace Nachrichten 10/19 Seite 19

 **Umweltschutzorganisationen kämpfen für die Welt**

Greenpeace

Die weltweite größte und wohl bekannteste Umweltschutzorganisation kämpft seit 45 Jahren für unsere Umwelt.

Die gute Nachricht:
Seitdem wurden so viele Erfolge erzielt, dass eine vollständige Aufzählung im Rahmen meines Buches unmöglich ist.
Herausragend war im Jahr 2019, dass in Russland (im Dvinsky-Urwald) ein Gebiet von der Größe des Saarlandes unter Schutz gestellt wurde. Im Jahr 2020 konnten die indigenen Karipuna gemeinsam mit Greenpeace die Abholzung in ihrem Gebiet im Amazonas-Regenwald vermindern – um fast die Hälfte im Vergleich zum Vorjahr! Nehmen Sie sich etwas Zeit, um die beeindruckende Erfolgsbilanz auf der Website von Greenpeace anzuschauen[134].

---

[134] Siehe: https://www.greenpeace.de/greenpeace-erfolge

Es tut gut zu sehen, was man mit gewaltfreie Aktionen alles erreichen kann. Und: Wenn Sie Greenpeace bis jetzt noch nicht unterstützen, fangen Sie jetzt damit an! Sie kommen in gute Gesellschaft: Die Mitgliederzahl liegt alleine in Deutschland bei 560.000 Personen.

ROBIN WOOD

Der "kleine Bruder" von Greenpeace ist der 1982 in Hamburg gegründete "Aktionsverein" ROBIN WOOD. 1400 Mitglieder und 3500 Förderer sorgen dafür, dass auch Projekte außerhalb Deutschlands angegangen werden können.

Die gute Nachricht:

Die Aktionen kämpfen erfolgreich für erneuerbare Energie und gegen Klimakiller, für Waldschutz und gegen Wegwerfartikel, für umweltfreundliche Mobilität und gegen Dreckschleudern, für Nachhaltigkeit und mehr Solidarität[135].

Dies geschieht vor allem durch Öffentlichkeitsarbeit, um Umweltprobleme ins Bewusstsein zu rufen.

World Wide Fund For Nature (WWF)

Der WWF sieht sich als Anwalt der Natur.

„Bewahrung der biologischen Vielfalt – ein lebendiger Planet für uns und unsere Kinder!" Das ist die Mission des WWF, der größten und einflussreichsten Umweltorganisation in Deutschland.

Die gute Nachricht:

Zahlreiche nationale und internationale Projekte tragen dazu bei, die Ziele des WWF zu erreichen und zu beweisen, dass Bewahrung und verantwortungsvolle Nutzung der natürlichen Lebensgrundlagen mit nachhaltiger wirtschaftlicher Entwicklung vereinbar sind.

---

[135] Quelle: Website von ROBIN WOOD (https://www.robinwood.de/aktionen/aktionen-r%C3%BCckblick-und-was-kommt)

In Südostasien, wo weltweit der meiste Plastikmüll ins Meer gelang, hat der WWF zum Beispiel im Jahr 2017 ein Pilotprojekt ins Leben gerufen, um die "Entsorgung" von Plastikmüll in die marinen Ökosysteme zu reduzieren. Dieses Projekt wird mittlerweile sogar durch das Bundesumweltministerium unterstützt[136].

Ein anderes Beispiel für die vielfältigen aktuellen Aktivitäten des WWF: Im Februar 2019 begann die Staatsanwaltschaft Brasiliens auf Basis einer WWF-Studie einen Prozess, der im Bundesstaat Amazonas alle 4000 Bergbaukonzessionsanträge in Indigenen-Territorien stoppen soll.

Gerade die indigene Bevölkerung Brasiliens braucht weltweite Unterstützung, um sich gegen die korrupte Regierung einigermaßen behaupten zu können. Der WWF spielt hier eine sehr wichtige Rolle. Es geht hier nicht um nationalen Interessen Brasiliens, sondern um das für das globale Klima und damit für die Weltgemeinschaft extrem wichtige Amazonasgebiet.

Der WWF arbeitet mit Unternehmen zusammen, die sich als Vorreiter einer nachhaltigen Wirtschaftsweise positionieren wollen. Dadurch will er Märkte und Branchen verändern und erreichen, dass Lieferketten, Produktion und Stoffkreisläufe nachhaltiger werden[137].

In Deutschland hat der WWF ca. 360.000 Mitglieder.

Der Ende Januar 2020 vorgelegte Jahresbericht des WWF Deutschland über das Geschäftsjahr 2018/20189 zeigt eine erfolgreiche Entwicklung: Im Vergleich zum Vorjahr stieg die Zahl der Unterstützer/innen um rund fünf Prozent auf 645000 und die

---

[136] Quelle: WWF-Magazin 01.20, Seite 32

[137] Quelle: UTOPIA (https://unternehmen.utopia.de/special/wwf/umweltschutz-biologische-vielfalt/)

Einnahmen wuchsen um etwas acht Prozent auf mehr als 92 Millionen EURO an[138].

Fiends of the Earth International (FoE)

FoE (deutsch: Freunde der Erde) ist ein internationaler Zusammenschluss von Umweltschutzorganisationen. 2011 hatte die Organisation über zwei Millionen Mitglieder und Unterstützer in 76 Ländern. Je Land kann jeweils nur eine Organisation im Verband Mitglied sein. Aus Deutschland ist dies der Bund für Umwelt und Naturschutz Deutschland (BUND), aus Österreich Global 2000 und aus der Schweiz Pro Natura.

Gegründet wurde FoE 1971 von vier Organisationen aus Frankreich, Schweden, den USA und England. Gemeinsame Basis aller Mitgliedsorganisationen ist die Unabhängigkeit von politischen Parteien und von wirtschaftlichen Interessen, die Umweltschutzarbeit sowohl auf lokaler als auch auf nationaler Ebene sowie eine demokratische Struktur[139].

FoE hat im Jahr 2019 viele beeindruckende Projekte durchgeführt, ein Blick auf die Homepage lohnt sich[140].

---

[138] Quelle: WWF-Magazin 02.20
[139] Quelle: Wikipedia (https://de.wikipedia.org/wiki/Friends_of_the_Earth)
[140] Quelle: Homepage von FoE (https://foe.org/impact-stories/)

 **Neue Trinkwasserquellen werden erschlossen**

Während wir in Deutschland im Durchschnitt 120 Liter reinstes Trinkwasser pro Tag für das Waschen, Putzen und Kochen verbrauchen, haben laut dem aktuellen UN-Weltwasserbericht 2,1 Milliarden Menschen keinen Zugang zu trinkbarem und durchgängig verfügbarem Trinkwasser[141].

Und was noch schlimmer ist: Laut Experteneinschätzung wird sich das Trinkwasserproblem in den nächsten Jahrzehnten noch deutlich verschärfen. Mancher Wissenschaftler prophezeit sogar Kriege ums Wasser.

Da kommt die folgende gute Nachricht gerade recht:

Findige Menschen sind in verschiedenen Gebieten auf der ganzen Welt auf eine Idee gekommen, wie man frisches Wasser sozusagen aus der Luft erzeugen kann.

---

[141] Quelle: Reset (https://reset.org/knowledge/mangelware-wasser)

Sie nutzen kondensierenden Nebel in Gegenden, wo kaum Niederschlag fällt, aber regelmäßige Nebelbildung auftritt.

Dies ist einerseits möglich durch "Nebelpflanzen", die mithilfe ihrer Oberflächenstruktur Nebeltröpfchen aus Nebel auskämmen oder die Tauentstehung (durch Bildung von Kondensationskeimen) fördern können. In der Praxis funktioniert dies z.B. mit der Kanarischen Kiefer, die auf den Kanarischen Inseln Gran Canaria, Teneriffa, La Palma, El Hierro und La Gomera beheimatet ist.

Anderseits kann man Wasser auch durch "Nebelfänger" gewinnen. In Chile, Peru, der Namib-Wüste und weiteren Ländern kommen Nebelfänger aus Nylon- oder Polypropylen-Netzen zum Einsatz.

Die ergiebigste Nebelausbeute findet im Frühjahr und Sommer statt. In Chile und Peru werden je nach Nebellage pro Netz zwischen 10 und 100 m³ Wasser in guter Qualität am Tag aufgefangen, das über Rohrleitungen zu den Dörfern geführt wird. Die jährliche Nebelsaison variierte zwischen 365 und 210 Tagen.

Die Technologie zeichnet sich durch eine einfache Ausführung, Benutzung und Wartung aus, wodurch die Kosten der Installation und Wartung begrenzt sind[142].

---

[142] Quelle: Wikipedia (https://de.wikipedia.org/wiki/Nebelkondensation#Nebelf%C3%A4nger_in_Spanien)

 **Nanotechnologie als Riesenchance**

Der "Zukunftsrat der Bayerischen Wirtschaft" setzt große Hoffnungen in die Nanotechnologie[143]:

"Die Nanotechnologie hat als Querschnittstechnologie und Basistechnologie der Zukunft eine hohe Ausstrahlung auf andere Technologien und Anwendungsfelder. Aus der Nanoskaligkeit sind innovative Produkteigenschaften zu erwarten. Nanotechnologie ermöglicht bspw. innovative Anwendungen in der Elektronik, bei Werkstoffen, in der Medizin, im Bereich der Energietechnologien oder der Biotechnologie. Zukünftige Anwendungsfelder sind breit gestreut und aus heutiger Sicht noch nicht vollständig abzuschätzen". (Auszug Ende)

Das ist die gute Nachricht.

Das Problem dabei ist aber, dass es zwar tolle Fortschritte auf Laborebene gibt, für die Umsetzung auf industriell-technische

---

[143] Quelle: Zukunftsrat (https://vbw-zukunftsrat.de/Zukunftstechnologien/Technologiefelder?box=385&box_385=nanotechnologie)

Ebene aber noch so etwas wie "Transferzentren" fehlen, in denen junge Start-ups ihre Ideen in der Praxis ausprobieren können.

Die Politik hat es daher in der Hand, die richtigen Weichen zu stellen und durch zielgerichtete Subventionen den Fortschritt zu unterstützen. Geld wäre genügend da, es muss nur richtig eingesetzt werden!

Ich werde die weitere Entwicklung beobachten.

Wirtschaft

 **China schließt mit EU richtungsweisenden Handelsvertrag**

Was lange währte, wurde endlich gut. Sieben Jahre dauerten die Verhandlungen, aber am 30. Dezember 2020 gab es den überraschenden Durchbruch[144]:

Die EU und China haben die Verhandlungen über ein umfassendes Investitionsabkommen im Grundsatz abgeschlossen.

Diese Einigung wurde in einer Videokonferenz erzielt, an der u.a. der chinesische Präsident Xi Jinping und Kommissionspräsidentin von der Leyen teilnahmen.

China verpflichtet sich dazu, Investoren aus der EU einen umfassenderen Marktzugang als je zuvor zu gewähren, einschließlich einiger wichtiger neuer Marktöffnungen.

China verpflichtet sich außerdem, eine faire Behandlung von EU-Unternehmen zu gewährleisten, sodass sie in China unter faireren Wettbewerbsbedingungen agieren können; dies betrifft unter anderem Vorgaben für staatseigene Unternehmen, die Transparenz von Subventionen und Regeln zur Verhinderung von erzwungenem Technologietransfer.

---

[144] Quelle: Pressemitteilung der EU vom 30.1.220 (https://ec.europa.eu/commission/presscorner/detail/de/IP_20_2541)

Zudem hat sich China erstmals bereit erklärt, ehrgeizige Bestimmungen für die nachhaltige Entwicklung in Kraft zu setzen; dies umfasst auch Verpflichtungen in Bezug auf Zwangsarbeit sowie die Ratifizierung der einschlägigen grundlegenden Übereinkommen der IAO.

Soweit die Pressemitteilung.

Der „überraschende Durchbruch" war übrigens gar nicht so überraschend. Es ist ein offenes Geheimnis, dass die Verhandlungen nicht zuletzt deshalb noch im Jahr 2020 zum erfolgreichen Abschluss gebracht wurden, weil für China abzusehen war, dass im Januar 2021 in den USA ein neuer Präsident vereidigt wird, der so einem Handelsvertrag missbilligen wird.

Trotz dieses Wehmutstropfens verspricht sich die EU sehr viel von dem Abkommen. In der Vergangenheit gab es mit China immer wieder Probleme, da EU-Unternehmen in China einseitige Zugeständnisse machen mussten. Dies dürfte jetzt vorbei sein. Das Abkommen wird zu ausgewogeneren Handelsbeziehungen führen. Nun verpflichtet sich China endlich, sich in einigen Schlüsselsektoren für die EU zu öffnen.

Die zweite gute Nachricht:

Künftig will China keine Zwangsarbeit mehr dulden und „dauerhafte und nachhaltige Anstrengungen" zur Ratifizierung der Konvention der internationalen Arbeitsorganisation (ILO) unternehmen. Dazu gehört auch, dass das Regime unabhängige Gewerkschaften zulässt.

Das wäre schlicht eine Sensation...

Im Prinzip also sehr gute Nachrichten. Ich bin sehr gespannt, wie die Praxis aussehen wird und werde dies weiter beobachten.

Die „Factory" in Berlin definiert Zusammenarbeit zwischen Unternehmen neu

Co-Working, also Zusammenarbeit verschiedener Unternehmen unter einem Dach, ist seit Jahren ein großes Thema. Der Marktführer „WeWork", ein US-amerikanisches Unternehmen, bietet Büroflächen und Coworking Spaces für Selbständige und Unternehmen an und hat in Deutschland Standorte in Berlin, Frankfurt am Main, Hamburg, Köln und München; weltweit bestehen 2019 über 650 Standorte.

Das ist gut, aber das Bessere ist des Guten Feind:

Nico Gramenz (39) leitet die „Factory" in Berlin seit Anfang 2019 und war zuvor Strategiechef und Vizepräsident bei Siemens Mobility. Die „Factory" wurde 2014 als Co-Working-Space und Start-up-Campus in Berlin-Mitte eröffnet. Firmen wie Soundcloud haben dort ihren Sitz. 2017 eröffnete ein zweiter, deutlich größerer

Standort am Görlitzer Park. Dieser Campus beherbergt auch den neuen IoT-Hub[145] der Bundesregierung, deshalb ist das Internet-der-Dinge ein technologischer Schwerpunkt.

Bot die Factory ursprünglich wie „WeWork" nur Arbeitsplätze für Freiberufler, Kreative, Start-ups und Unternehmen „unter einem Dach", so hat sich das mittlerweile deutlich gewandelt:
In der Factory wird nicht nur Co-Working praktiziert, sondern es erfolgt ein echter Austausch zwischen etablierten Großunternehmen wie Siemens und unbekannten Startups. Gramenz baut eine echte Community mit handverlesenen Mitgliedern auf. Auch Künstler/innen werden ihren Platz finden, um die Kreativität insgesamt zu fördern.

Laut Gramenz sind von den derzeit 3000 Mitglieder an beiden Standorten zehn Prozent Großunternehmen, zwanzig bis dreißig Prozent Start-ups und „ganz viele Talente".

Eine sehr interessante Entwicklung. Ich werde sie beobachten, auch im Vergleich zu dem Vorhaben von Siemens, in Berlin einen gigantischen Innovationscampus aufzubauen (der Konzern will bis zu 600 Millionen Euro in Berlin-Spandau investieren, im Jahr 2022 sollen die Bauarbeiten beginnen).

---

[145] IoT ist die Abkürzung für Internet of things (Internet der Dinge)

 ## EU will den Ausverkauf ihrer Unternehmen stoppen

In der Pandemie wurde der EU vor Augen geführt, wie sehr sie bei Rohstoffen und wichtigen Gütern von anderen Lieferstaaten abhängig ist. In den Jahren zuvor musste man hinnehmen, dass Unternehmen aus Drittstaaten, die ihre Betriebe mit Milliardensummen unterstützen, auf dem europäischen Markt entweder durch billige Angebote oder Übernahmen wichtige Teile der Wirtschaft in ihre Hand brachten.

Und wer das viel zitierte „Seidenstraßen"-Projekt aus Peking richtig liest, konnte sehen, dass es vor allem eine Maßnahme für fernöstliche Konzerne war, die sich auf diese Weise strategisch wichtige Zugänge zu den Anrainerstaaten sicherten[146].

---

[146] Quelle: Saarbrücker-zeitung, Leitartikel von 5.5.21
(https://www.saarbruecker-zeitung.de/nachrichten/meinung/leitartikel/leit-artikel-so-will-die-eu-den-ausverkauf-ihrer-unternehmen-stoppen_aid-57893079)

Die gute Nachricht:

Die Europäische Kommission will jetzt endlich im Jahr 2021 Peking mit den eigenen Waffen schlagen.

Zum einen will sie industrielle Kernbereiche bei zentralen Produkten und Rohstoffen fördern, um sie nach Europa zu holen. Zum anderen sollen ausländische Investoren gestoppt werden, um den Ausverkauf von technischem Know-how der EU-Betriebe zumindest zu erschweren.

Der Zeitpunkt für diesen Vorstoß wurde gut gewählt.

Mit dem Start des neuen Sieben-Jahres-Haushaltes sowie des Wiederaufbau-Fonds „Next Generation EU" pumpt die Gemeinschaft 1,8 Billionen Euro in den Markt.

Der Green Deal legt klare Zielvorgaben fest. Hinzu kommen Projekte wie die Batterie- und die Wasserstoff-Allianz, mit denen man sensible Wirtschaftsbereiche ausbauen und in Europa halten will. Doch dazu braucht es noch mehr. In den zurückliegenden Jahrzehnten hat die EU ihren Wettbewerb mit einem Kartellrecht behütet, das zwar kraftvoll, aber auch provinziell ist. Denn es hat das Entstehen europäischer Champions auf dem Weltmarkt verhindert, nur weil die für Europa zu groß geworden wären. Das Beispiel der gescheiterten Ehe der Alstom- und Siemens-Sparten für Hochgeschwindigkeitszüge gehört hierher. Wenn die EU sich aber aufmacht, um Konkurrenz aus Drittstaaten fernzuhalten, dann sollte sie auch so konsequent sein und sich offen zu ihren Ansprüchen auf dem Weltmarkt zu bekennen

Mit diesen Initiativen hat sich die Gemeinschaft als würdevoller alter und neuer Partner der USA erwiesen. Denn was in Brüssel in den vergangenen zwei Tagen geschehen ist, hat die Balance der Blöcke verschoben.

Kaum beachtet stoppte die EU im Mai 2021 die Ratifizierung des noch vor wenigen Wochen gefeierten Investitionsabkommens mit Peking. Gleich am nächsten Tag präsentierte man ein neues Arsenal an Maßnahmen gegen staatsfinanzierte Konzerne, das natürlich zu einem großen Teil gegen Fernost gerichtet ist.

So etwas passt zu den Vorstellungen der neuen US-Administration von Präsident Joe Biden, der genau genommen die komplette G7-Gruppe um sich scharen will, um Pekings Vormachtstellung auf dem Weltmarkt wirkungsvoll begegnen zu können.

Brüssel hat, was einigermaßen beispiellos ist, dafür die frisch gebackene Vertragsfreundschaft mit China wieder gekippt, um sich einer größeren Koalition anzuschließen.

Die wirtschaftliche Macht wird gerade neu verteilt. Und die EU hat sich klar auf eine Seite geschlagen[146].

Die Bundesagentur für Sprunginnovationen (SPRIND) hat ihre Arbeit aufgenommen

SPRIND ist nach eigener Aussage die Heimat für radikale Neudenker:innen und sucht nach Antworten auf die sozialen, ökologischen und ökonomischen Herausforderungen unserer Zeit[147]:

- Ziel ist es, von Deutschland aus neue Sprunginnovationen zu schaffen. Das heißt, Produkte, Dienstleistungen und Systeme, die unser aller Leben spürbar und nachhaltig besser machen.
- Dazu werden Neudenker:innen aus Wissenschaft und Wirtschaft, Menschen mit herausragenden Ideen, besonderer Fachexpertise und Leidenschaft verbunden.
- Räume werden geschaffen, in denen man Risiken eingehen und radikal anders denken kann.

---

[147] Quelle: Homepage von SPRIND (https://www.sprind.org/de/laufende-projekte/)

- Für ein unternehmerisches Umfeld, das Ideen real werden lässt, wird gesorgt.
- Die Unterstützung ist umfassend. SPRIND finanziert und hilft dabei, Teams zusammenzustellen und verknüpft mit den richtigen Netzwerken aus Wissenschaft, Wirtschaft und Politik.
- Es werden ausschließlich Innovator:innen und Innovationen unterstützt, die humanistischen Grundwerten folgen bzw. darauf gründen.

Das klingt wie ein neues Projekt aus Silicon Valley, aber es ist eine Initiative der Deutschen Bundesregierung. Kaum zu glauben.

Die gute Nachricht:
SPRIND gibt es erst seit 2019, aber das Angebot wird offensichtlich sehr gut angenommen, denn derzeit (Stand Februar 2021) laufen schon viele interessante Projekte:

- Heilsame Zerstörung: Wie die alzheimersche Krankheit besiegt werden kann
- Den Höhenwind ernten: Die Binnenwindanlage der Zukunft
- Natürlich inspirierte Künstliche Intelligenz: Der Supercomputer SpiNNaker2
- Eine Makrolösung: Für das Mikroplastikproblem
- Ein Quadratmillimeter Zukunft: Der Analogrechner auf einem Chip
- Die europäische Superwolke: IT-Infrastruktur fürs 3. Jahrtausend

 **Fairtrade-Produkte setzen sich immer mehr durch**

Der weltweite Handel zeichnet sich seit der Globalisierung grundsätzlich durch einen extrem harten Wettbewerb aus. Im „Consumer-Bereich", also dem, was die meisten Menschen im täglichen Leben brauchen, zählt oftmals nur der Preis. Auf Qualität kann hur der achten, der es sich leisten kann.

Von den Folgen eines ruinösen Wettbewerbs hören und sehen wir tagtäglich in den Medien: Kinderarbeit, Vergiftung von Land, Wasser und Luft und Ausbeutung von wehrlosen Frauen und Männern.

Die gute Nachricht:

Als diese „Nebenwirkungen" der Globalisierung in den 80er-Jahren bekannter wurden, gründeten weitsichtige Menschenfreunde auf der ganzen Welt kleine Initiativen, mit denen fair gehandelte Produkte aus Entwicklungsländern importiert und vertrieben wurden. Später bildeten sich Zusammenschlüsse und Dachverbände des „Fairen Handels"[148].

Der Durchbruch kam, als die größte Organisation, die „World Fair Trade Organization" (WFTO) beschloss, zehn Prinzipien für den Handel einzuführen. Alle Mitgliedsorganisationen mussten diesen Prinzipien folgen.

Zu jedem Prinzip definiert der Standard für die verschiedenen Organisationen – Produzenten, Handelsorganisationen oder sonstige Nicht-Handelsorganisationen – eine Reihe von einzuhaltenden Kriterien.

Das WFTO-Garantiesystem soll die Einhaltung der Kriterien durch Selbsteinschätzung, Besuche anderer WFTO-Organisationen und externe Audits sicherstellen.

Die zehn Prinzipien sind:
1. Das Schaffen von Chancen für wirtschaftlich benachteiligte Produzenten
2. Transparenz und Verantwortlichkeit
3. Partnerschaftliche Handelspraktiken
4. Zahlung fairer Preise
5. Ausschluss von ausbeuterischer Kinderarbeit und Zwangsarbeit
6. Geschlechtergleichheit, Versammlungsfreiheit, keine Diskriminierung
7. Die Sicherstellung guter Arbeitsbedingungen
8. Unterstützung beim Aufbau von Handlungskompetenz und Wissen („Capacity Building")
9. Öffentlichkeits- und Bildungsarbeit für den fairen Handel
10. Umweltschutz

---

[148] Quelle: Wikipedia, Stand April 2021 (https://de.wikipedia.org/wiki/World-FairTradeOrganization)

Alle Produkte, die diesen strengen Kriterien entsprechen, bekommen das „Fairtrade-Siegel", ein eingetragenes Markenzeichen.

Die zweite gute Nachricht:
Der Umsatz mit Fairtrade-Produkten weltweit entwickelte sich von 832 Millionen Euro (im Jahr 2004) auf 9.800 Millionen Euro (im Jahr 2018)[149].

Fairtrade-Produkte gibt es inzwischen nahezu überall, denn es gehört zu den Grundsätzen, den Produzenten den Zugang zu großen Märkten zu ermöglichen. Mit dem Fairtrade-Siegel gekennzeichnete Produkte findet man daher nicht nur in Bioläden, Biosupermärkten und Weltläden, sondern inzwischen auch in fast allen gut sortierten Supermärkten und sogar in Discountern wie LIDL und ALDI.

Toll ist auch: Wer sich einen Überblick verschaffen will, welche Artikel in seiner Nähe angeboten werden, kann ganz einfach den „Produkt-Finder" im Internet nutzen:
https://www.fairtrade-deutschland.de/einkaufen/produkt-finder.html

---

[149] Quelle: statista (https://de.statista.com/statistik/daten/studie/171401/umfrage/umsatz-mit-fairtrade-produkten-weltweit-seit-2004/)

 ## Nachhaltigkeit als Megatrend in der Spielzeugindustrie

Viele Spielzeuge bestehen größtenteils aus Plastik und wir wissen mittlerweile alle, wie schlecht die Klimabilanz der Plastikproduktion ist.

Das wäre nicht so schlimm, wenn man Spielzeug ein (Kinder)Leben lang verwenden würde. Aber das Gegenteil ist meist der Fall: Jedes Jahr liegen unter dem Weihnachtsbaum oder auf dem Geburtstagstisch neue Spielzeuge und die Alten wandern in den Keller um dann irgendwann verstaubt entsorgt zu werden.

Hier geht es aber keineswegs um kleine Mengen und Beträge: Allein in Deutschland werden die Verbraucher im Jahr 2022 rund 3,8 Milliarden Euro für Spielzeug ausgegeben haben[150].

Jetzt die gute Nachricht: Die weltweit größte Spielwarenmesse in Nürnberg hat für das Jahr 2022 Nachhaltigkeit als „Megatrend" ausgerufen. Spielzeug aus Holz, biobasierten Kunststoffen oder

---

[150] Quelle: Prognose des Bundesverbands des Spielwaren-Einzelhandels (BVS)

recycelten Stoffen soll vom Nischenprodukt zur massentauglichen Handelsware mutieren.

Dier spannende Frage ist jetzt, ob es den Herstellern gelingt, ein nachhaltiges Spielzeug genauso attraktiv zu gestalten wie die Plastikvariante. Zu den Vorreitern gehört der Branchenriese „LEGO". Bis 2030 will er alle Bausteine aus nachhaltigen Materialien produzieren.

Auch der renommierte Puppenhersteller „Zapf Creation" hat die Zeichen der Zeit erkannt und verbannt bereits seit Anfang 2021 alle Plastikbestandteile der Verpackungen.

Der US-Konzern „Hasbro" will bis Ende 2022 auf Kunststoffe in allen neuen Verpackungen verzichten.

Sehr spannend wird sein, ob die Verbraucher beim Spielzeugkauf künftig mehr Wert auf Nachhaltigkeit legen werden. Bisher war nur 14 Prozent der Befragten die Nachhaltigkeit von Material und Verpackung wichtig[151].

---

[151] Quelle: Der Bote vom 17.12.2021, Seite 19

Gesundheitswesen

„Folding@home" hilft besser als alle Supercomputer zur Erforschung von Krankheiten

Folding@home ist ein Volunteer-Computing-Projekt für die Krankheitsforschung. Statt die Rechenleistung eines einzelnen Rechners zu nutzen, wird dabei eine komplexe Aufgabe in Teilaufgaben aufgeteilt, diese auf mehrere Rechner verteilt und deren Rechenleistungen zur Aufgabenbewältigung genutzt. Das Projekt nutzt durch verteiltes Rechnen die ungenutzten Verarbeitungsressourcen von Personalcomputern, auf denen die Software installiert ist und die so zur Erforschung von Krankheiten beitragen. Der Hauptzweck des Projekts ist die Bestimmung der Mechanismen der Proteinfaltung.

Die erste gute Nachricht:
Dies ist von Interesse für die medizinische Forschung über Alzheimer, Huntington und viele Formen von Krebs[152].
Das Projekt wird daher der Menschheit helfen, diese Krankheiten zu besiegen.

Was aktuell besonders interessant ist:
Im März 2020 startete Folding@home ein Programm zur Unterstützung von Forschern auf der ganzen Welt, die daran arbeiten, ein Heilmittel zu finden und mehr über den Ausbruch von COVID-19 zu erfahren. Die erste Welle von Projekten simuliert potenziell medikamentös behandelbare Protein-Targets des SARS-CoV-2-Virus und des verwandten SARS-CoV-Virus, von denen es wesentlich mehr Daten gibt[96].

Absolut erstaunlich ist, welche gigantische Rechenleistung durch Vernetzung von normalen PCs zu erreichen ist:
Zwischen Juni 2007 und Juni 2011 übertraf die Rechenleistung aller am Folding@home Projekt beteiligter Computer die Leistung des schnellsten Supercomputers der Welt.
Im März 2020 wurde bekannt gegeben, dass man in den zwei Wochen zuvor über 400.000 neue Nutzer hinzugewonnen habe. Vor Ausbruch der COVID-19-Pandemie nahmen circa 30.000 Nutzer an dem Projekt teil. Ebenfalls im März 2020 verkündete Folding@Home, über die Rechenleistung von mehr als 470 PetaFLOPS zu verfügen, womit man den bisher schnellsten Supercomputer – den IBM Summit – deutlich übertroffen hat.
Bereits kurze Zeit später, am 25. März 2020, verkündete das Projekt, dass es über eine Rechenleistung von mehr als einem ExaFLOPS verfüge[96].

---

[152] Quelle: Wikipedia (https://de.wikipedia.org/wiki/Folding@home)

Dadurch ist es jetzt leistungsstärker als die sieben besten Supercomputer der Welt zusammen![153]

Das ist eine unvorstellbar schnelle Entwicklung, die nur der genialen Idee zu verdanken ist, PCs weltweit zu vernetzen!

Die zweite gute Nachricht:
Jeder Benutzer eines PCs mit Windows, Mac OS X oder Linux kann sich an dem Projekt beteiligen. Er muss nur ein Client-Programm herunterladen, welches als Dienst im Hintergrund arbeitet.
Auf der Homepage von Folding@home kann man die Software ganz einfach für seinen PC herunterladen:
https://foldingathome.org/start-folding/

---

[153] Quelle: t:n digital pioneers vom 25.03.2020 (https://t3n.de/news/folding-home-leistungsstaerker-1264933/)

 **Kinderlähmung wird ausgerottet**

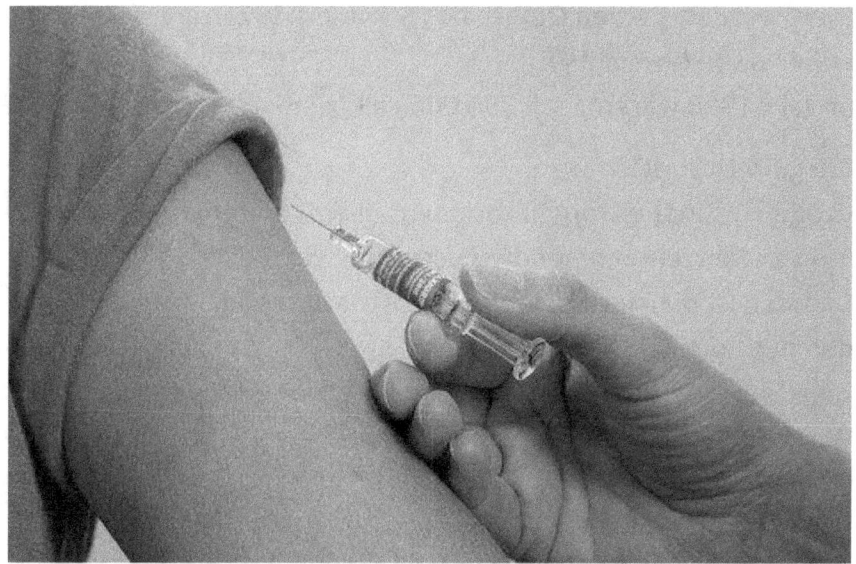

Die Kinderlähmung, oft auch kurz "Polio" genannt, ist eine von Viren vorwiegend im Kindesalter hervorgerufene Infektionskrankheit. Sie kann zu schwerwiegenden, bleibenden Lähmungen führen, die häufig Arme und Beine betreffen. Auch Jahre nach einer Infektion kann die Krankheit wieder auftreten.

Im 20. Jahrhundert wurden in Europa und den Vereinigten Staaten regionale Epidemien in einem Turnus von etwa 5–6 Jahren beobachtet, während es in den Intervallen immer wieder zu sporadischen Fällen kam.

Einer der ersten größeren Ausbrüche war die Polio-Epidemie, die sich 1916 in den Oststaaten der Vereinigten Staaten ereignete. In ihrer Folge starben mehr als 6.000 Menschen.

Größere Ausbrüche gab es in Europa beispielsweise 1932 in Deutschland mit 3.700 Fällen und 1934 in Dänemark mit 4.500 Fällen, wobei jeweils nur die paralytischen Verlaufsformen registriert wurden. Zu den Opfern des Sommers 1921 zählte der junge Franklin D. Roosevelt[154].

Im Jahr 1988 waren noch 350.000 Fälle gemeldet.

Die gute Nachricht:

Große Gesundheitsorganisationen, allen voran die WHO, arbeiten seit Jahrzehnten auf die Ausrottung von Polio hin.

Dadurch ist die Kinderlähmung heute fast ausgerottet. 2015 wurden nur noch 60 Fälle gemeldet.

Dank der Impfprogramme können heute nach Schätzungen der WHO 13 Millionen Menschen laufen, die sonst durch Polio gelähmt wären[155].

---

[154] Quelle: Wikipedia (https://de.wikipedia.org/wiki/Poliomyelitis)
[155] Quelle: Website von Ola Roser (www.gapminder.org)

 **Eine vierte Säule der Krebsbehandlung etabliert sich**

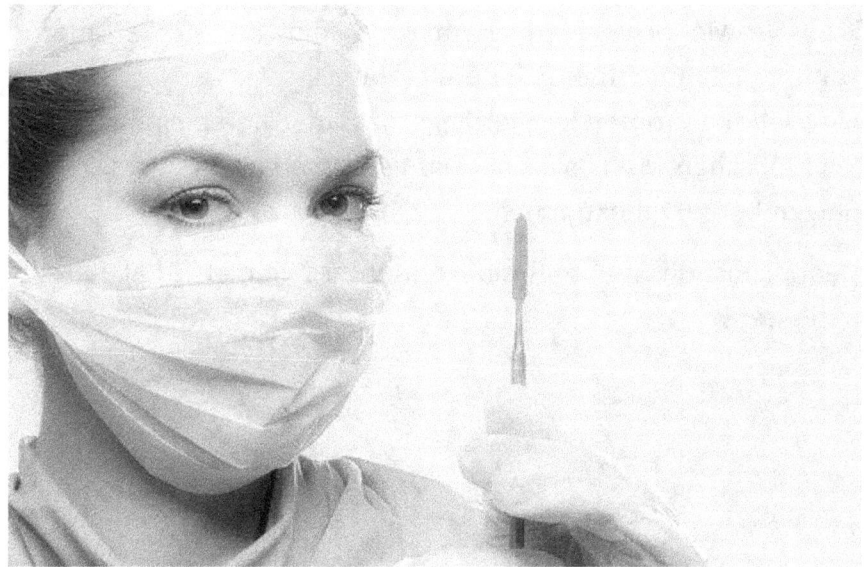

Krebs ist immer noch eine „Geisel der Menschheit". Alleine in Deutschland erkranken jedes Jahr etwa 500.000 Menschen neu an Krebs[156]. Die Gesamtzahl der Menschen weltweit, bei denen innerhalb von fünf Jahren Krebs diagnostiziert werden könnte - das ist die sogenannte Fünf-Jahres-Prävalenz - wird durch die WHO auf 43,8 Millionen geschätzt[157].

Die gute Nachricht:
In der Krebsbehandlung etabliert sich neben den klassischen Methoden (Operation, Strahlentherapie und Chemotherapie) sehr erfolgreich eine vierte Säule, die Immuntherapie.

---

[156] Quelle: Robert-Koch-Institut (https://www.krebsdaten.de/Krebs/DE/Content/Krebsarten/Krebs_gesamt/krebs_gesamt_node.html)

[157] Quelle: zm-online (https://www.zm-online.de/news/nachrichten/zahl-der-krebsdiagnosen-steigt-weltweit/)

Im Prinzip wird dadurch das körpereigene Abwehrsystem für den Kampf gegen die bösartigen Krebszellen genutzt.

Die Medizin ist allerdings noch nicht so weit, dass dies bei allen Krebsarten funktioniert, aber bei Lungen-, Nieren-, und Blasenkrebs sowie schwarzem Hautkrebs und Kopf-Hals-Tumoren kommt die Immuntherapie bereits zum Einsatz.
Ein Wehmutstropfen ist allerdings, dass die Therapie nicht bei allen Menschen wirkt. Warum? Das versuchen die Wissenschaftler derzeit herauszubekommen.

Dennoch ist das mehr als ein Hoffnungsschimmer für alle Krebspatienten!

Ein biologisches Bankschließfach der Menschheit entsteht

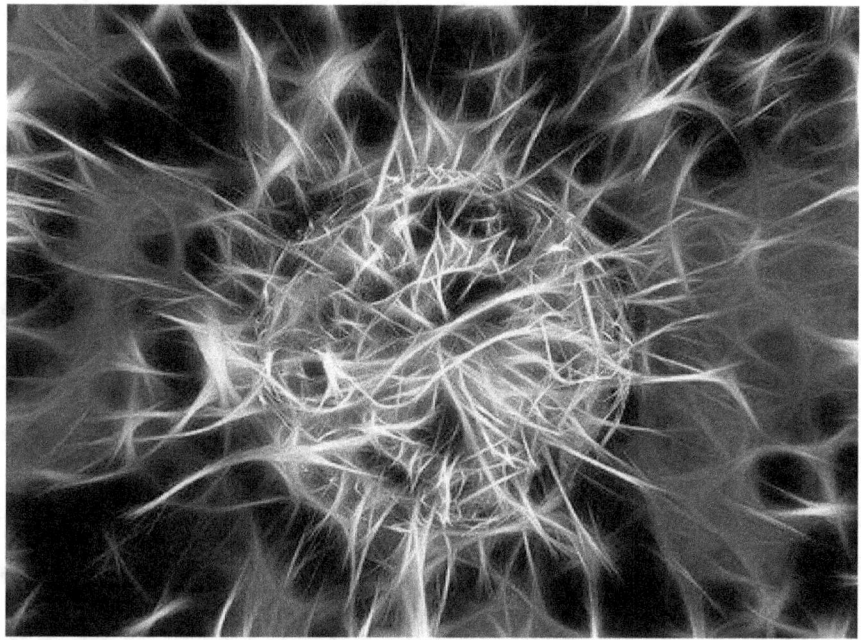

Der renommierte Forscher Prof. Martin Blaser und seine Kollegin und Ehefrau Maria Gloria Dominguez-Bello von der Rutgers Universität in New Jersey sind davon überzeugt[158]:

Jahrzehntelang haben wir uns geirrt: Wir glaubten, Gesundheit verlange radikale Reinheit. Keimfrei sollte das Leben sein, Wäsche wurde ausgekocht und Sagrotan wurde flächendeckend eingesetzt. Und für die Behandlung von Krankheiten gab es hundert Sorten Antibiotika. Nicht nur für uns, sondern auch für Tiere.

Die Folgen für die Menschheit sind katastrophal.

---

[158] Quellen: stern vom 12.12.2019, Seiten 30-36 und Kieler Nachrichten online.de vom 14.12.2019 (https://www.kn-online.de/Kiel/Tresor-fuer-Mikroben-Wir-muessen-die-Vielfalt-konservieren)

Prof. Blaser vertritt zwei fundamentale Thesen.

Die erste These:
Abnehmende Vielfalt der Mikroben, die den menschlichen Körper natürlicherweise besiedeln, ist eine der Hauptursachen vieler nicht-übertragbarer Zivilisationskrankheiten, deren Zahl zunehme, die in der Kindheit beginnen und die mit chronischen Entzündungen einhergehen. Prof. Blaser zählt dazu Adipositas, Diabetes, Asthma, chronisch-entzündliche Darmerkrankungen, neurodegenerative Erkrankungen und Autismus.

Die zweite These:
Hauptursache für die abnehmende Vielfalt, die Verarmung des Mikrobioms ist Prof. Blaser zufolge ein Zuviel an Antibiotika in vielen Ländern der Welt, nicht nur in den sogenannt entwickelten. In China sei die Adipositas-Rate der 18-Jährigen inzwischen gleichauf mit der Rate in den USA. "Viele sagen, das liege an der besseren Ernährung", so Blaser. "Ich denke, die Kombination aus kalorienreicher Nahrung und einer Veränderung des Mikrobioms ist die Ursache."

Die gute Nachricht:
Das Team um Prof. Blaser und Maria Gloria Dominguez-Bello will uns den Weg aus dieser Sackgasse weisen. In den Bergen Venezuelas liegt nach ihren Erkenntnissen ein Menschheitsschatz. Er ruht in den Eingeweiden der "Yanomami", die als Jäger und Sammler durch die Wälder ziehen. Das Team arbeitet jetzt daran, die nützlichen und bedrohten Einzeller zu bergen und zu konservieren.
Die Gesundheit künftiger Genrationen könnte davon abhängen, dass ihr Mammutprojekt "Noahs Arche" gelingt. Sie wollen das Mikrobiom der "Yanomami" und anderer indigener Völker konservieren. Dadurch soll gleichsam ein biologisches Bankschließfach der Menschheit entstehen.

Ein erfolgreiches Vorbild gibt es bereits:

Auf Spitzbergen im ewigen Eis lagert eine weltweite Schatzkammer des Saatgutes, der "Svalbard Global Seed Vault". Hier lagern etwa eine Million Saatgutproben in Plastikbeuteln. Falls eine globale Katastrophe eintritt, könnten ausgestorbene Pflanzen aus dem hier vorhandenen Genmaterial nachgezogen werden.

Der Aufbau dieses Samentresors hat allerdings 30 Jahre gebraucht.

Wollen wir hoffen, dass das Forscherteam um Prof. Blaser die erforderlichen Proben noch rechtzeitig sammeln kann, denn die Zeit drängt: Die westliche Lebensweise dringt nach und nach auch in die entlegensten Regionen der Welt vor ...

Kindersterblichkeit nimmt ab

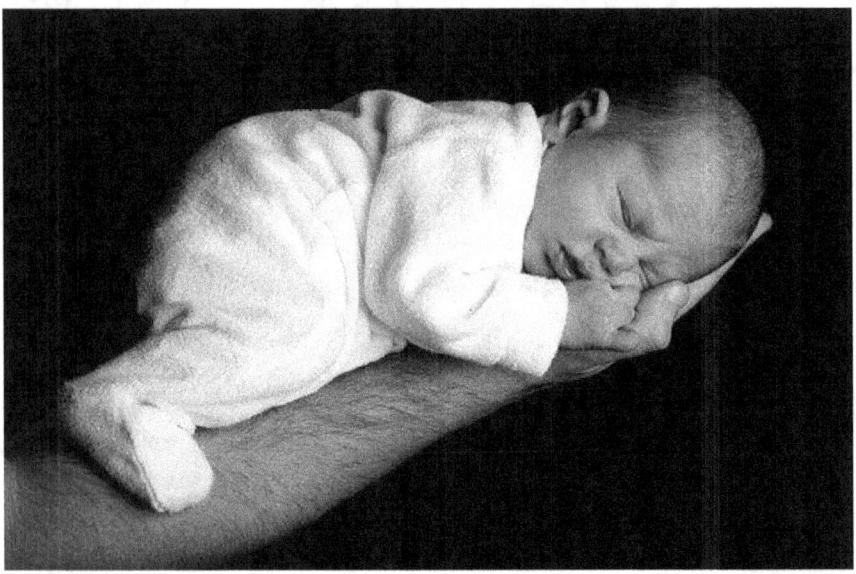

Die Kindersterblichkeit war in der Zeit vor der Industrialisierung immens hoch. In Schweden starb im 18. Jahrhundert jedes dritte Kind und in Deutschland im 19. Jahrhundert jedes zweite Kind[159].

Laut der UNICEF[160] ist Mangelernährung die Hauptursache für Kindersterblichkeit.

Fast alle zwei Sekunden stirbt irgendwo auf der Welt ein Kind unter fünf Jahren. Das sind durchschnittlich 15.000 Kleinkinder jeden Tag oder 5,3 Millionen Mädchen und Jungen unter fünf jedes Jahr. Zusätzlich sind im Jahr 2018 etwa 900.000 Kinder im Alter zwischen fünf und 14 Jahren gestorben – insgesamt also 6,2 Millionen Kinder unter 15 Jahren.

---

[159] Quelle: Wikipedia (https://de.wikipedia.org/wiki/Kindersterblichkeit#Kindersterblichkeit_weltweit)

[160] UNICEF: https://www.unicef.de/informieren/ueber-uns

So lautet die aktuelle Schätzung der Vereinten Nationen, die sich auf die neuesten verfügbaren Daten stützt[161].

Die gute Nachricht:
Seit 1990 hat sich die Sterblichkeit von Kindern unter fünf Jahren weltweit von 12,7 Millionen auf unter 6 Millionen halbiert[162].

Absolut gesehen ist das immer noch eine viel zu hohe Zahl, aber die Entwicklung lässt hoffen, dass wir es in naher Zukunft erleben werden, dass Hunger als Grundlage für das systematische Kindersterben besiegt wird.

Die Weichen dafür sind gestellt (vgl. Kapitel "Humanität").

---

[161] Quelle: UNICEF (https://www.unicef.de/informieren/aktuelles/blog/kindersterblichkeit-weltweit-warum-sterben-kinder/199492)
[162] Quelle: Website von Ola Roser (www.gapminder.org)

 **Die Lebenserwartung steigt**

Im Jahr 1875 wurde ein Mensch in Deutschland im Schnitt 38 Jahre alt.
Die gute Nachricht: Heute bringt er es auf 81 Jahre[163].
Und die durchschnittliche Lebenserwartung steigt weiter!

Es wird noch viel Zeit vergehen, bis Verjüngungspillen in der Apotheke zu haben sind, aber "Das erste Kind, das 130 wird, ist heute schon geboren". Das sagt nicht irgendjemand, sondern Juan Carlos Izpisua Belmonte, der seit 1993 Professor an den Genexpressionslabors des Salk-Instituts für biologische Studien in La Jolla, Kalifornien ist.
Auch der Zukunftsforscher Sven Gabor Janszky prophezeit, dass Kinder, die jetzt (2019) geboren werden, eine Lebenserwartung von 120 bis zu 150 Jahren haben.

---

[163] Quelle: Website von Max Roser „Our world in data" (https://ourworldindata.org/)

Hoffnung für Alzheimer-Patienten?

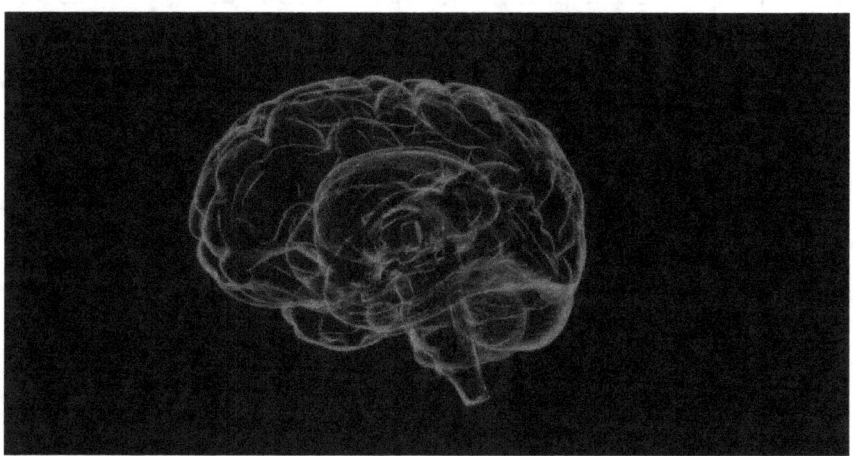

Die Alzheimer-Krankheit ist eine neurodegenerative Erkrankung, die in ihrer häufigsten Form bei Personen über dem 65. Lebensjahr auftritt und durch zunehmende Demenz gekennzeichnet ist. Sie ist für ungefähr 60 Prozent der weltweit etwa 24 Millionen Demenzerkrankungen verantwortlich[164].

Das tragische: Auch wenn wir alle die positive Perspektive haben, dass wir im Vergleich zu unseren Großeltern und Ur-Großeltern länger leben werden, hilft uns das nichts, wenn wir diese Zeit in Demenz verbringen werden.

Die gute Nachricht:
Nachdem jahrelang alle Medikamentenversuche gescheitert waren, verkündete der amerikanische Pharmahersteller "Biogen"[165] im Herbst 2019 überraschend, dass zumindest in einer von zwei klinischen Studien ein sogenannter Amyloid-Antikörper namens

---

[164] Quelle: Wikipedia (https://de.wikipedia.org/wiki/Alzheimer-Krankheit)
[165] Homepage: https://www.biogen.de/de_DE/home.html

Aducanumab das Fortschreiten der Krankheit signifikant verzögern konnte.

Auch wenn andere Experten diese gute Nachricht mit Skepsis aufnahmen und noch nicht von einem Durchbruch sprechen wollen, so zeigt sie doch, dass die Forschung zu diesem extrem wichtigen Thema aktiv ist und wir die berechtigte Hoffnung haben können, dass Alzheimer eines Tages heilbar sein wird.

Ich werde die weitere Entwicklung beobachten.

 **Die Lebenszufriedenheit nimmt im Alter zu**

Uns Deutschen schreibt man im Ausland ja zu, dass wir Berufs-Pessimisten seien. Die "German Angst" ist schon sprichwörtlich. Auch die Bevölkerungen mancher anderer Länder werden pauschal als "offen und hilfsbereit" oder "verschlossen und abweisend" charakterisiert.

Man kann sicher anhand von Einzelpersonen dies alles "belegen", aber ich bin überzeugt, dass es kein Land gibt, in dem alle Bewohner gleich "ticken". Der Mensch ist und bleibt ein Individuum.

Aber es gibt doch etwas, das in diesem Zusammenhang verallgemeinert werden kann und sehr interessant ist:

Glücksforscher haben wieder und wieder Befragungen durchgeführt, stets mit dem gleichen Ergebnis. Die Forscher haben dem Phänomen einen eigenen Namen gegeben:
Sie sprechen von der U-Kurve des Glücks.

Sie findet sich bei allen Menschen unabhängig von Geschlecht, Herkunft und Nationalität. Sie scheint einem universellen Gesetz der menschlichen Psychologie zu folgen:

Die 20-25-jährigen sind demnach, wenn sie voller Zuversicht ihr Leben als Erwachsene beginnen, am glücklichsten.
Je älter sie werden, desto häufiger stoßen sie an Grenzen. Der Tiefpunkt ist, mal Mitte vierzig, mal Anfang fünfzig, mit der Midlife-Crisis erreicht.

Genau an diesem Punkt vollzieht sich die Wende.

In dem Maß, in dem die Kräfte schwinden, nimmt die Zufriedenheit zu und steigt bis ins hohe Alter.
Wir gewinnen, wonach wir immer gestrebt haben: Glück[166].

Ist das nicht eine hoffnungsvolle Perspektive?!

---

[166] Quelle: Der Spiegel Nr. 48/23.11.2019 Seite 112

Energiegewinnung

 **Kernfusion könnte eine Lösung sein**

Den regenerativen Energien gehört die Zukunft!?
Grundsätzlich ja, aber sie sind derzeit in fast allen Ländern der Erde nur "Nischenprodukte", da sich die Menschheit viel zu lange auf billigere Energiequellen wie Braunkohle verlassen hat bzw. immer noch verlässt (siehe China).

Wir brauchen daher neben dem schnellen Ausbau der regenerativen Energien auch weitere Standbeine. Eines könnte die Kernfusion sein.

Ein deutsches Team zeigt derzeit der Welt die Zukunft der Energiegewinnung. Im Mecklenburg-Vorpommerischen Greifswald forscht ein 450-köpfiges Team an der Kernfusion. Dort ist man überzeugt, dass Solar-, Wasser- und Windkraftanalgen alleine die Energieversorgung der Erde nicht sicherstellen werden können. Die Kernfusion werde die ideale Ergänzung sein, da sie "die Energieversorgung der Erde ein für alle Mal sicherstellen könne".

Auch Wissenschaftler in anderen Ländern wie Frankreich und Russland, sind in Kernforschungszentren dabei, dieses ultimative Problem der Energieversorgung zu lösen.

Die gute Nachricht:

Die Forscher stellen wirtschaftlich arbeitende Fusionsreaktoren für die zweite Hälfte des Jahrhunderts in Aussicht. Wenn die Menschheit sich vernünftig verhält und bis dahin die Erderwärmung auf maximal 2 Grad begrenzt, werden unsere Kinder und Enkel davon profitieren können.

Ich werde die weitere Entwicklung beobachten.

Die Nutzung der Sonnenenergie wird durch gigantische „Solarparks" immer intensiver

Die Sonne ist ein energiegeladenes Bündel. Schon seit vielen Jahren benutzen wir sie daher für die Gewinnung von Strom.
Hauptsächlich geschieht diese Energiegewinnung durch die Sonne auf zwei Arten: Entweder durch die sogenannte Solarthermie, bei der die Sonnenstrahlen in Sonnenwärmekraftwerken mithilfe von Spiegeln in einem Brennpunkt gebündelt werden, oder aber durch Photovoltaik, bei der mit Solarzellen der Strom direkt aus dem Sonnenlicht gewonnen werden kann. Die Photovoltaik-Methode ist heute am weitesten verbreitet.
Photovoltaikanlagen sind weltweit mit einer Kapazität von rund 300.000 Megawatt installiert, wobei jedes Jahr aufs Neue größere und bessere Anlagen fertiggestellt werden[120].
Wie bei allen regenerativen Energien ist der Ertrag allerdings stark davon abhängig, wo die Anlagen installiert sind. In Gegenden mit einem klassischen Winter schwankt die Energieausbeute

natürlich jahreszeitlich sehr stark. Es ist daher nicht überraschend, dass die größten „Solarparks" der Welt in Wüstengebieten stehen.

Anfangs war "Solar Star I und II" mit einer Leistung von 579 Megawatt der absolute Spitzenreiter. Der Solarpark mit insgesamt ca. 1,7 Millionen Solarmodulen liegt in der Mojave Wüste nahe Rosamond in Kalifornien und wurde im Juni 2015 eröffnet.

Schon einige Monate später wurde der Solarpark von der indischen Photovoltaik-Freiflächenanlage "Kamuthi Solar Power Project" überboten, die sich nahe indischen Stadt Kamuthi im Bundesstaat Tamil Nadu befindet. Diese Anlage erreicht eine Gesamtkapazität von 648 Megawatt und erstreckt sich insgesamt auf einer zehn Quadratmeter großen Fläche. Ihr jährliches Regelarbeitsvermögen entspricht dem jährlichen Energieverbrauch von rund 150.000 Haushalten und die Photovoltaikanlage ist mit 2,5 Millionen einzelner Solarmodule ausgestattet.

Doch längst wurde auch diese Anlage von ihrem ersten Rang abgelöst Der Longyangxia Dam Solar Park am gelben Fluss in China (Provinz Qinghai) hat eine Kapazität von 850 Megawatt. Den Strom für die gigantische Anlage liefern insgesamt über vier Millionen Solarmodule und seit der Eröffnung im Jahr 2013 wurde der Solarpark nach und nach auf seine jetzige Größe von 27 Quadratkilometern erweitert. Durch die gigantischen Maße ist die Anlage sogar vom Weltraum aus noch gut erkennbar[120].

Doch die Entwicklung geht weiter:

Eine gigantische PV-Anlage ist der Benban-Solarkomplex mit 32 Kraftwerken in der Nähe von Assuan. Er wurde Mitte 2019 in Betrieb genommen. Insgesamt werden 1.650 MW Strom erzeugt werden. Dies reicht aus, um Hunderttausende von Haushalten und Unternehmen zu versorgen. Die Gesamtkosten des Projekts lagen zwischen 3 und 3,5 Milliarden Euro[167].

Der zum jetzigen Zeitpunkt (August 2020) weltweit größte Solarpark ist der Bhadla Solar Park ist in Indien. Er erstreckt sich über eine Gesamtfläche von 14.000 Morgen. Der Park hat eine Gesamtkapazität von 2.245 MW.

Die gute Nachricht:
Die Menschheit braucht Solarenergie dringend, um die rückläufige Nutzung von fossilen Brennstoffen zu kompensieren und möglichst schnell ganz darauf verzichten zu können. Photovoltaikanlagen produzieren nicht einmal 5 Prozent des CO_2, das in Kohlekraftwerken anfällt. Verglichen mit 1 kWh Braunkohle-Energie spart 1 kWh Solarenergie 1025 Gramm Kohlendioxid[168].

Alleine der gigantische Solarkomplex in Benban mit einer Leistung von 1.650 MW entlastet unseren Planeten daher jährlich um mehr als 1.650.000 Tonnen CO_2!

Und die technischen Möglichkeiten sind offenbar lange noch nicht ausgereizt:
Indien plant in der Grenzregion Ladakh ein 7500-MW-Solarprojekt. Unglaublich! Wir erleben hier fast eine Entwicklung wie in den 90er-Jahren bei den PCs. Jedes Jahr eine Verdopplung der Leistungsfähigkeit.

---

[167] Quelle: SOLARIFY (https://www.solarify.eu/2018/06/23/183-groesstes-pv-kraftwerk-der-welt/)
[168] Quelle: Sunshine Energy (https://www.sunshineenergy.de/photovoltaik-ratgeber/grundlagen-photovoltaik/oekobilanz-und-co2-ersparnis/#Wie_ist_die_CO2Bilanz_von_PhotovoltaikAnlagen)

 **Atomkraftwerke bekommen eine zweite Chance**

Nach den Reaktorkatastrophen in Tschernobyl und Fukushima verloren viele Menschen zu Recht das Vertrauen in die Atomkraft und waren erleichtert, dass in Deutschland der Atomausstieg beschlossen wurde und weltweit regenerative Energien wie Sonnen-, Wasser- und Windkraft auf dem Vormarsch sind.

Angesichts des ungebremsten globalen CO_2-Ausstoßes haben aber selbst namhafte Energieexperten Zweifel daran, ob der Ausbau der regenerativen Energien so schnell erfolgen kann, dass die Pariser Ziele zur globalen Erderwärmung eingehalten werden können und der Menschheit eine Klimakatastrophe erspart bleibt.

Eine kleine Zahl macht die Größe der Aufgabe deutlich: Wind und Sonne liefern bislang weniger als zwei Prozent der globalen Energie!

Eine im Jahr 2017 von ExxonMobil veröffentlichte Studie prognostiziert, dass Erdöl und Erdgas auch 2040 weiterhin 55% der Primärenergie der Welt liefern werden, während Wind- und Solarenergie auf 4% ansteigen werden[169].

Die gute Nachricht:
Vor diesem Hintergrund bemüht sich - vor allem in China und den USA - eine neue Generation von Ingenieuren, die Technik herkömmlicher Kraftwerke umzubauen, um die umweltfreundliche Atomenergie besser nutzen zu können.

Das von Bill Gates mit angeblich 500 Millionen US-Dollar unterstützte Start-up "Terrapower" gehört dazu. Hier konzipiert man kleine, modulare Reaktoren, die genau das sein sollen, was herkömmliche Anlagen nie waren: sauber, wirtschaftlich und sicher. Spaltstoffe wie Thorium oder Uran in Salzform sollen die Maschinen antreiben; gekühlt werden sie mit flüssigem Salz, Blei oder Natrium. Statt neuen Abfall zu produzieren, sollen manche von ihnen Atommüll sogar verfeuern können[170].

Das klingt zu schön, um wahr zu sein, doch die Entwicklung schreitet voran. Zwei Reaktortypen der Generation IV werden derzeit bei Terrapower entwickelt. Wenn funktioniert, was sich die Ingenieure vorstellen, dann wären die Energieprobleme der Menschheit für alle Zeit gelöst. Bis 2035, glaubt Cheftechniker Gilleland, könnten Terrapowers schnelle Reaktoren Teil der Energieversorgung sein.

Ich werde die weitere Entwicklung beobachten.

---

[169] Quelle: EIKE – Europäisches Institut für Klima und Energie (https://www.eike-klima-energie.eu/2017/01/10/in-2040-werden-wind-und-sonne-4-der-globalen-energie-liefern/)
[170] Quelle: Der Spiegel, Nr. 51/14.12.2019, Seite 112-118

Solarturmkraftwerke entstehen

In Mitten aus der chilenischen Atacama-Wüste, einem der trockensten und heißesten Orte der Welt, ragt ein 250 Meter hoher Turm. Darum steht ein Kreisrund aus Spiegeln. Die Anlage hat etwas von einer Ritualstätte aus einem Science-Fiction-Szenario. Und tatsächlich ist das, was dort gerade entsteht, zukunftsweisend: Lateinamerikas erstes Solarturmkraftwerk.

Mit einer Leistung von 110 Megawatt können mehr als 380.000 Haushalte versorgt werden.

Der Clou an der konzentrierten Solarenergieanlage:
Die Energie wird in riesigen Speichern als flüssiges Salz zwischengelagert. Wasser, das hindurch gepumpt wird, verwandelt sich in Dampf, der eine Turbine antreibt. Die Hitze kann gespeichert werden, so kann rund um die Uhr Energie erzeugt werden. Nachts, tagsüber, bei wolkigem Himmel, immer dann wenn man sie braucht.

Chile hat durch den Ausbau der Erneuerbaren von 2007 bis 2016 mehr als 20 Millionen Tonnen CO2 eingespart[171]. (Auszug Ende)

Das ist die gute Nachricht.

Aber die chilenische Regierung muss noch ihre Hausaufgaben machen. Derzeit erfolgt der Ausbau der erneuerbaren Energien alleine aus wirtschaftlichen Gründen, der Umweltschutz bleibt teilweise auf der Strecke. Hier ist noch Handlungsbedarf!

Ich werde die weitere Entwicklung beobachten.

---

[171] Quelle: Deutschlandfunk vom 19.12.19 (https://www.deutschlandfunk.de/chile-und-der-klimaschutz-energiewende-mit-ambivalenzen-und.697.de.html?dram:article_id=448615)

 **NordLink wurde im Mai 2021 freigegeben**

Regenerierbare Energien wie Solar-, Wind- und Wasserkraft werden immer wichtiger, sind aber naturgemäß nicht in allen Ländern gleichermaßen verfügbar. Wir brauchen daher zunächst für Europa und dann für die ganze Welt ein intelligentes Stromnetz, das die erneuerbaren Energien dezentral verknüpft und international verbindet.

Die derzeitige Praxis der regionalen Stromnetze ist nicht mehr zukunftsfähig. Um den globalen Energiehunger zu stillen brauchen wir auch globale Netze.

Die gute Nachricht:

Am 27.05.2021 wurde NordLink – das „grüne Kabel" zum Austausch deutscher Windenergie mit norwegischer Wasserkraft – freigegeben.

Diese Verbindung zweier sich optimal ergänzender Systeme ist ein Leuchtturmprojekt und ein enorm wichtiger Baustein der europäischen Energiewende, um Dunkelflauten auszugleichen und gleichzeitig grüne Energie sicher und bezahlbar in der EU zur Verfügung zu stellen.

NordLink hat eine Kapazität von 1.400 Megawatt (MW) und kann mehr als 3,6 Millionen deutsche Haushalte mit erneuerbarer Energie versorgen. Das entspricht in etwa der Einspeiseleistung von 466 Windkraftanlagen zu je 3 MW[172].

So etwas brauchen wir mittelfristig für möglichst viele Länder auf der ganzen Erde!

---

[172] Quelle: Tennet (https://www.tennet.eu/de/unser-netz/internationale-verbindungen/nordlink/)

 ## Wasserstoffantrieb als zweites Standbein

Die deutsche Automobilindustrie setzt nach dem selbst verursachten Diesel-Skandal primär auf den Elektroantrieb. Einerseits verständlich, da ein Elektroauto im Betrieb keine Emissionen verursacht und damit die CO_2-Ziele besser erreicht werden können, andererseits bedenklich, da die gesamte Ökobilanz von Elektroautos (derzeit) keineswegs gut ist.

Wir brauchen daher sinnvolle Alternativen bzw. Ergänzungen - und die gibt es! Eine ist der Wasserstoffantrieb.

Hier gibt es aber noch zwei Probleme: Die teure Produktion und die geringe Tankstellendichte.
Die Produktionskosten lassen sich nur bei deutlich höherer Nachfrage durch Massenproduktion reduzieren. Hier sind also wir alle als Verbraucher gefragt.

Die "H^2 Mobility Deutschland"[173], ein Joint Venture von großen Automobilherstellern und Treibstofflieferanten, will für das zweite Problem die Lösung anbieten:

---

[173] Website: https://h2.live/h2mobility

Sie hat sich bis Ende 2020 das Ziel gesetzt, 100 Tankstationen in Deutschland in Betrieb zu nehmen. 77 gibt es bereits (Stand Dezember 2019).

Mit Wasserstoff können die Pariser-CO2-Ziele erreicht werden, so der Geschäftsführer der "Air Liquide Advanced Technology GmbH[174]".

Eine interessante Entwicklung ist auch in den Niederlanden zu beobachten:

Ein Studententeam der TU Delft geht mit seinem "Projekt Phoenix" einen ganz neuen Weg. 30 Studenten der Fakultät für Luft- und Raumfahrtingenieurwesen entwickeln ein Flugzeug, das mit Flüssigwasserstoff und einer Brennstoffzelle angetrieben wird – das weltweit erste Konzept dieser Art.

Einen Prototyp gibt es bereits und für 2021 ist der Jungfernflug der finalen Version geplant.

Das Team ist optimistisch: "Wir hoffen, dass in 15 Jahren die ersten kommerziellen Passagierflugzeuge mit unserem Antrieb abheben, die emissionsfrei fliegen"[175].

Brennstoffzellenautos sind also nicht prinzipiell, sondern nur aktuell noch teuer und müssen keine Nischenprodukte bleiben sondern können ein großer Schritt zur Lösung unseres CO2-Problems sein.

Ich werde die weitere Entwicklung beobachten.

---

[174] Website: https://advancedtech.airliquide.com/ und https://www.airliquide.com/de/germany

[175] Quelle: stern vom 10.10.2019, Seite 56

 **Mit Rechenzentren Häuser heizen**

Die Datenmengen, die weltweit übertragen, verarbeitet und gespeichert werden, wachsen dramatisch.

Cisco, der weltweite Marktführer in den Bereichen IT und Netzwerk, geht davon aus, dass sich der IP-Datenverkehr zwischen 2017 und 2022 um mehr als den Faktor drei auf 4,8 Zettabyte erhöhen wird. Bezogen auf die Weltbevölkerung sind das 50 Gigabyte pro Person und Monat.

Um diese Daten zu verarbeiten, sind dann weltweit 50 Millionen physikalische Server notwendig.

Welche Auswirkungen hat diese Entwicklung auf den Energiebedarf der Rechenzentren?

Bei dieser Frage gehen die Expertenschätzungen oft weit auseinander. Die Berechnungen zum aktuellen Energiebedarf aller Rechenzentren weltweit reichen von etwa 200 Milliarden Kilowattstunden (kWh) bis 500 Milliarden kWh.

Beim Blick in die Zukunft ist die Unsicherheit noch größer – für das Jahr 2030 variieren die in Publikationen genannten Prognosen zwischen 200 Milliarden kWh und 3.000 Milliarden kWh. Rechenzentren hätten dann einen Anteil am weltweiten Strombedarf zwischen 0,5 und 8 Prozent[176]. (Auszug Ende)

Hier die gute Nachricht:
Da kommt die geniale Idee des Dresdner Unternehmens „Cloud & Heat" gerade recht: Statt die Abwärme von Computern mit viel Aufwand in die Luft blasen, wie heute noch in vielen Rechenzentren üblich, setzen sie diese Energie ein, um Häuser zu heizen.

Mit der Idee, solche Rechner in Hauskellern zu installieren und die so entstehenden dezentralen Cloud-Kapazitäten zu vermieten, konnte sich die Firma aber nicht so recht am Markt durchsetzen.

Als „Cloud & Heat" dieses Konzept aber auf modulare und schlüsselfertige Rechenzentren-Container adaptierte, häuften sich die Bestellungen. Denn die Dresdner Hightech-Container bieten die Möglichkeit, innerhalb kürzester Zeit fast überall auf der Erde ein Rechenzentrum mit hoher Leistung und wenig Energieverbrauch aufzubauen und nach Bedarf schnell zu erweitern. Jeder Container enthält laut „Cloud & Heat" bis zu 1440 Grafikprozessoren, die mit Wasser gekühlt werden. Durch spezielle Regeltechnik und Software wird dieses Wasser bei 60 Grad gehalten. Der Container kann unmittelbar mit einer Hausheizung gekoppelt werden.

---

[176] Quelle: DataCenter Insider (https://www.datacenter-insider.de/verschlingen-rechenzentren-die-weltweite-stromproduktion-a-811445/)

Die Dresdner schätzen die mit ihrem Konzept erzielbare Betriebskosten-Ersparnis auf bis zu eine Million Euro pro Jahr im Vergleich zu einem mittleren deutschen Rechenzentrum.

Geplant ist zunächst ein Produktionsausstoß von 240 Supercomputer-Containern pro Jahr.

Dies sei *„ein wichtiger Meilenstein in der Entwicklung vom einstigen Start-up zu einem weltweit operierenden Unternehmen"*, betonte „Cloud & Heat"-Chef Nicolas Röhrs[177]. (Zitat Ende)

Ich werde die weitere Entwicklung beobachten.

---

[177] Quelle: Dresdner Neueste Nachrichten vom 25.07.2018 (https://www.dnn.de/Dresden/Lokales/Cloud-Heat-Dresden-sieht-sich-auf-dem-Sprung-zum-Grossunternehmen)

 **Höhenwinde als mittelfristige Lösung**

Es gibt eine potentielle gigantische Energiequelle, die dem Normalbürger noch kaum bekannt sein dürfte: Höhenwinde.

Das renommierte Magazin für Naturwissenschaft "Spektrum der Wissenschaft" hat sich in seiner online-Ausgabe vom 11.09.2019 intensiv mit dem Thema beschäftigt:

"Keine hohen Türme, die die Landschaft prägen, kein surrender Lärm von riesigen Rotorblättern: Fliegende Windkraftanlagen ernten Energie aus größerer Höhe als die konventionellen erdnahen Windräder. Nur ein dünnes Seil verbindet sie mit dem Boden. Können sie zu einer Alternative zu konventionellen Windrädern werden? Google glaubt wohl daran. Es übernahm 2013 das US-amerikanische Flugwindunternehmen Makani und gab für die Entwicklung dieser Technologie über 30 Millionen US-Dollar in seiner Forschungsabteilung X aus.

Alphabet – inzwischen Googles Mutterunternehmen – hat Makani Power im Februar 2019 aus Googles X-Labor ausgegründet, damit es mit fliegenden Windturbinen Geld verdient.

Doch nicht nur der US-Konzern Google, etwa 70 Unternehmen weltweit sollen an den fliegenden Windanlagen arbeiten. Und auch die EU gibt Geld für diese Höhenwindprojekte aus. Allein in Europa forschen über zehn Start-ups und Universitäten an den fliegenden Windanlagen.

"Flugwindkraftanlagen können pro Quadratmeter Flügelfläche so viel Strom erzeugen wie ein Solarfeld mit mehr als 500 Quadratmetern Fotovoltaikfläche"[178]   (Auszug Ende)

Die Chancen dieser Technik sind also – auch im Vergleich zu Solarenergie – grandios. Die Staatengemeinschaft muss sich nur durchringen, auch die entsprechenden Fördermittel zur Verfügung zu stellen, damit neben den wirtschaftlich orientierten Unternehmen auch der Staat die Entwicklung vorantreiben kann.

Ich werde die weitere Entwicklung beobachten.

---

[178] Quelle: spektrum.de (https://www.spektrum.de/news/strom-aus-dem-hoehenwind/1672298)

 **Internet nur noch mit Öko-Strom?**

Das Internet gibt es erst seit rund 20 Jahren, aber in dieser relativ kurzen Zeit hat es sich zu einem der größten "Energiefresser" der Erde entwickelt. Eine Studie aus 2014 hat errechnet, dass das Internet 2012 4,6 Prozent des weltweiten Stromverbrauchs ausgemacht hat. Damit wäre das Internet im internationalen Ländervergleich Platz sechs hinter China, den USA, der EU, Indien und Japan. Das Internet und all seine damit verbundenen Geräte verbraucht damit mehr Strom als zum Beispiel Russland und fast so viel wie Kanada und Deutschland zusammen.
Jetzt, im Jahr 2020 ist dieser Anteil mit Sicherheit noch deutlich höher!
Woran liegt das?
Das Internet funktioniert über große Server, die 24 Stunden und 365 Tage im Jahr laufen und Strom brauchen.

Jede Datei muss durch verschiedene Server geleitet werden, Suchanfragen müssen verwaltet und Dateien gespeichert werden. Dabei wird Energie verbraucht und es entsteht Wärme. Damit die großen Serverfarmen optimal laufen, werden Serverräume klimatisiert und bei möglichst konstanten und kühlen 22 bis 24 Grad Celsius gehalten.

Die schlechte Nachricht:
Der Stromverbrauch wird in Zukunft noch steigen. Das liegt auch daran, dass immer mehr Geräte mit dem Internet verbunden werden. Durch dieses sogenannte Internet of Things rechnen Experten wie Dr. Ralph Hintemann mit einem Mehrenergieaufwand von 70 TWh pro Jahr in der EU. Das ist mehr Strom, als Deutschland gerade mit Wind- und Solarkraft erzeugt.

Den meisten Strom verbrauchen in den letzten Jahren aber Musik- und insbesondere Videostreaming-Angebote. Sie erzeugen einen immensen Datenverkehr.

Die gute Nachricht:
Viele Unternehmen arbeiten schon jetzt an der Optimierung ihrer Server. Der hohe Stromverbrauch verursacht nämlich auch auf Seiten der IT-Unternehmen hohe Kosten. Strom sparen bedeutet für sie also auch Geld sparen. Je größer die Rechenzentren und Serverfarmen sind, desto effizienter sind sie in der Regel auch. Der Techriese Google bezieht nach eigenen Angaben mittlerweile 100 Prozent seiner Energie aus erneuerbaren Energien. Andere Suchmaschinen wie Ecosia zum Beispiel geben an, bis zu 80 Prozent ihres Einnahmeüberschusses an ökologische Aufforstungsprojekte zu spenden[179]. (Auszug Ende)

---

[179] Quelle: Quarks.de (https://www.quarks.de/technik/energie/so-viel-energie-verbraucht-das-internet/)

Greenpeace bescheinigt google eine sehr gute Bilanz beim Öko-Strom. Auch andere große Tech-Konzerne wie Apple oder Facebook setzen auf grüne Energien[180].

Amazon will in North Carolina einen Windenergiepark erreichten, der jährlich rund 670.000 Megawattsunden Strom liefern soll. Apple baut inzwischen eigene Solarparks und betreibt seine Rechenzentren mit Ökostrom.

Das sind sehr positive Entwicklungen. Aber vielleicht brauchen wir sie gar nicht:
Die Netzwerkentwickler von Cisco prognostizieren, dass nach der Cloud der "Fog" kommen könnte, eine dezentrale Lagerung der Daten in der Nähe des Endkunden. Für den Betrieb von weitgehend autonomen Autos müssten die anfallenden gigantischen Datenmengen sowieso lokal verteilt und nicht in Datenzentren gespeichert werden[181].

Ich werde die weitere Entwicklung beobachten.

---

[180] Quelle: web.de (https://web.de/magazine/wissen/wissenschaft-technik/stromfresser-internet-energie-daten-verbrauchen-33170202)
[181] Quelle: Le Monde diplomatique: Atlas der Globalisierung, "Klimakiller Internet", Seite 40-41

 **Neue Super-Batterie verwertet Abfallprodukt**

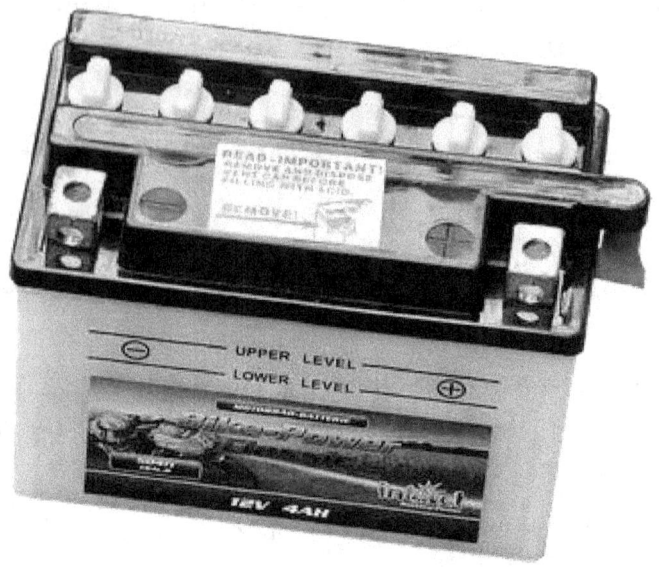

Lithium-Ionen-Akkus haben gegenüber herkömmlichen Nickel-Cadmium- oder Nickel-Metallhydrid-Akkus viele Vorteile und werden daher seit 1991 in einer Vielzahl von Geräten eingesetzt und seit neuestem auch in Elektroautos.

Ein Problem ist aber, dass bei der Herstellung der Akkumulatoren Kohlenstoffdioxid entsteht. Eine 2017 erschienene Überblicksstudie über den aktuellen Forschungsstand nennt einen Mittelwert von ca. 110 kg. Auch sind bisher sämtliche Verfahren zum Recycling vom Energieverbrauch her nicht effizient[182].

---

[182] Quelle: Wikipedia (https://de.wikipedia.org/wiki/Lithium-Ionen-Akkumulator)

Hinzu kommt, dass in Zeiten der Energiewende der Bedarf nach Lithium rasant wächst und dessen Abbau im Dreiländereck Bolivien, Chile, Argentinien, wo 70 Prozent der weltweiten Lithium-Vorkommen lagern sollen, die Lebensgrundlage der indigenen Bevölkerung zerstört[183].

Die gute Nachricht:
Waschmittel inspiriert Forscher zu einer wohl bahnbrechenden neuen Batterie. Sie ersetzen die umstrittenen Ressourcen der Schlüsseltechnologie durch ein Abfallprodukt (Schwefel).
Der daraus entstehende Stromspeicher ist nicht nur umweltfreundlich, sondern auch deutlich leistungsstärker als andere Produkte.
Australische Forscher haben nach eigenen Angaben den bislang leistungsfähigsten Lithium-Schwefel-Akku entwickelt. Die wieder aufladbare Batterie könne die Leistung der aktuellen Marktführer um mehr als das Vierfache übertreffen, berichtete die Monash-Universität im australischen Clayton in einer Mitteilung. Kern der Entwicklung, die sich derzeit noch im Laborstadium befindet, ist eine besonders robuste Schwefel-Elektrode, die das Team um Monash-Forscherin Mahdokht Shaibani im US-Fachblatt "Science Advances" vorstellt.
Lithium-Schwefel-Akkus sind leichter und billiger als die weit verbreiteten Lithium-Ionen-Akkus und lassen sich kostengünstig und umweltfreundlich herstellen, wie das an der Studie beteiligte Fraunhofer-Institut für Werkstoff- und Strahltechnik IWS in Dresden erläutert. Die Technik sei sehr vielversprechend, befinde sich allerdings noch in der Entwicklung[184].

---

[183] Quelle: Deutschlandfunk.de vom 30.04.2019 (https://www.deutschlandfunk.de/lithium-abbau-in-suedamerika-kehrseite-der-energiewende.724.de.html?dram:article_id=447604)
[184] Quelle: ntv.de vom 08.01.2020 (https://www.n-tv.de/wissen/Neue-Super-Batterie-verwertet-Abfallprodukt-article21496787.html)

Das lässt hoffen, dass wir in nicht allzu ferner Zukunft erleben werden, dass die derzeitigen Schwachstellen der eAutos, die unter umweltgesichtspunkten bedenklichen Lithium-Ionen-Akkus, durch umweltfreundliche Lithium-Schwefel-Akkus ersetzt werden können.

Das wäre sicher der weltweite Durchbruch für Elektroautos!

Ich werde die weitere Entwicklung beobachten.

Globale Ressourcen

Überbevölkerung verliert ihren Schrecken

Der deutsche Astrophysiker, Naturphilosoph und Wissenschaftsjournalist Prof. Harald Lesch befürchtet den Kollaps der Menschheit durch Überbevölkerung:
"Das Bevölkerungswachstum verhält sich wie ein rasender Zug, selbst bei Vollbremsung kommt er nur langsam zum stehen".

Das klingt sehr beängstigend.

Die gute Nachricht:
Aber: Prof. Lesch setzt große Hoffnungen auf die "Megacities". In solchen Städten gingen die Geburten deutlich stärker zurück als auf dem Land. Er bezeichnet sie als "Selbstorganisierte ungeplante Bevölkerungsbremsen".

Ähnlich sehen das die Forscher der Vereinten Nationen. Der Trend der Verstädterung wird sich nach der Prognose der "UN DESA"[185] weiter fortsetzen:

Im Jahr 2030 werden voraussichtlich zwei Drittel aller Menschen in Städten leben. Am schnellsten schreite die Urbanisierung in Entwicklungs- und Schwellenländern voran[186].

Auch der schwedische Medizinprofessor und Bestsellerautor ("Factfulness") Hans Rosling macht uns Mut.

Zum Problem der drohenden Übervölkerung der Erde prophezeit er, dass die Erdbevölkerung ab dem Jahr 2050 nicht mehr wachsen wird. Auf unserem Planeten werden dann zwar elf Milliarden Menschen leben, aber die Erde wird sie problemlos ernähren können[187].

---

[185] Die "Hauptabteilung wirtschaftliche und soziale Angelegenheiten" der Vereinten Nationen ist Teil des UN-Sekretariats und verantwortlich für die Bereiche nachhaltige Entwicklung, Bevölkerungsentwicklung und Entwicklungshilfe

[186] Quelle: Harald Lesch "Die Menschheit schafft sich ab" (https://www.amazon.de/Die-Menschheit-schafft-sich-Anthropoz%C3%A4n/dp/3831204241)

[187] Quelle: Anna, Hans und Ola Rosling: «Factfulness. Wie wir lernen, die Welt so zu sehen, wie sie wirklich ist», Ullstein, 2018.

Globale Ungleichheit nimmt ab

Die industrielle Revolution, die in der zweiten Hälfte des 18. Jahrhunderts begann, hat dazu geführt, dass die Realeinkommen in Westeuropa – und später in den USA und Japan – deutlich anstiegen und dafür sorgten, dass die Mehrheit der in diesen Industrieländern lebenden Menschen ihren Lebensstandard deutlich verbessern konnten. Die teils schreckliche Armut in vielen anderen Ländern, insbesondere von Asien und Afrika, konnte aber dadurch nicht besiegt werden.

Die gute Nachricht:
Wir erleben derzeit auf globaler Ebene die größte Umschichtung individueller Einkommen seit der industriellen Revolution.
Bekanntlich hat diese ab der zweiten Hälfte des 18. Jahrhunderts zunächst in England, dann in ganz Westeuropa, den USA, in Japan und weiteren Teilen Europas und Asiens zum Übergang von der Agrar- zur Industriegesellschaft geführt.

Was wir jetzt erleben: Aufgrund des wirtschaftlichen Aufstiegs von China, Indien und anderer großer asiatischer Länder haben sich dort die Einkommensverhältnisse vieler Menschen – im Vergleich zu anderen Weltregionen – innerhalb einer relativ kurzen Zeitspanne stark verändert.

Aber: Das muss nach Einschätzung des renommierten serbisch-US-amerikanischer Ökonoms Branko Milanović nicht so bleiben:

"Wenn nicht in anderen Teilen der Welt – und vor allem in Afrika – ein schnelleres Wachstum einsetzt, dann könnten sich die positiven Kräfte abschwächen und schließlich ganz versiegen.
Die EU kann dies positiv beeinflussen, wenn sie ihre Migrationspolitik neu aufstellt: Weg von einer Politik, die immer nur die neuesten Löcher stopfen will.
Stattdessen Ausländern erlauben, für begrenzte Zeit nach Europa zu ziehen und politische Programme auflegen, die das Wachstum in den armen Ländern und vor allem in Afrika fördern"[188].
(Auszug Ende)

Die Staatengemeinschaft darf sich daher nicht auf eine Beobachterrolle zurückziehen, sondern muss den Wandel aktiv mit gestalten! Ich hoffe, dass die Staatengemeinschaft, insbesondere die UN, das rechtzeitig erkennt!

---

[188] Quelle: Le Monde diplomatique: Atlas der Globalisierung, Seite 154-57

 **Ökologische Landwirtschaft nimmt zu**

Im Unterschied zur konventionellen Landwirtschaft ist die ökologische oder biologische Landwirtschaft rechtlich verpflichtet, im Ackerbau unter anderem auf synthetisch hergestellte Pflanzenschutzmittel, Mineraldünger und Grüne Gentechnik weitgehend zu verzichten.

Den Erzeugnissen der ökologischen Landwirtschaft dürfen vor dem Verkauf als Bio-Lebensmittel keine Geschmacksverstärker, künstliche Aromen, künstliche Farb- oder künstliche Konservierungsstoffe zugefügt werden.

Die ökologische Viehzucht unterliegt strengeren Auflagen als die konventionelle, wie z.B. dem Verbot einzelner Futtermittel und höheren Mindestanforderungen im Platzangebot für Tiere[189].

---

[189] Quelle: Wikipedia (https://de.wikipedia.org/wiki/%C3%96kologische_Landwirtschaft)

Das klingt alles sehr gut. Da wir Verbraucher wohl alle ein Interesse daran haben, dass wir gesunde Lebensmittel kaufen können, müsste man annehmen, dass die ökologische Landwirtschaft sehr weit verbreitet ist.

Weit gefehlt! Im Jahr 2016 wurden weltweit 57,8 Millionen Hektar, das ist nur etwas mehr als 1 % der landwirtschaftlichen Nutzfläche, ökologisch bewirtschaftet[55].

Die gute Nachricht:
Das ist fast 7,5 % mehr als noch im Jahr 2015. Und der Anteil steigt und steigt...

Der globale Bio-Markt hatte gemäß IFOAM im Jahr 2013 einen Umfang von 72 Milliarden US-Dollar, davon 31 Milliarden US-Dollar in Europa. Die weltweit größten Bio-Märkte sind die USA (mit 35 Mrd. US-Dollar), Deutschland (9,6 Mrd. US-Dollar) und Frankreich (5,6 Mrd. US-Dollar).

An der BIOFACH 2019 wurden die Zahlen für das Jahr 2017 bekanntgegeben. Demnach wuchs der globale Markt auf 97 Milliarden US-Dollar (ca. 90 Milliarden Euro), es gab 2,9 Millionen Bioproduzenten, welche auf 69,8 Millionen Hektar Landwirtschaftsfläche biologisch produzierten.

Das klingt doch gut, diese Entwicklung macht Hoffnung!

Ich werde die weitere Entwicklung beobachten.

 **Lebensmittelvernichtung wird begrenzt**

Nach der Verbraucherzentrale Hamburg[190] landen Jahr für Jahr 11 Millionen Tonnen Lebensmittel in deutschen Mülltonnen - weggeworfen von Privatpersonen, Großverbrauchern wie Gaststätten oder Kantinen, dem Handel oder der Industrie. Eine angemessene Wertschätzung von Lebensmitteln sieht anders aus. Jeder Bundesbürger wirft rein statistisch rund 55 Kilogramm (andere Schätzungen gehen bis zu 80 Kilogramm) Lebensmittel pro Jahr weg, zum Teil noch in der Originalverpackung.

In den anderen Industrieländern sieht es nicht viel besser aus.

Nach den aktuellen Schätzungen der Welthungerhilfe werden jedes Jahr rund 1,3 Milliarden Tonnen Essen weggeschmissen. Gleichzeitig hungern auf der Welt 821 Millionen Menschen. Das ist ein Skandal.

---

[190] Quelle: Verbraucherzentrale Hamburg (https://www.vzhh.de/themen/lebensmittel-ernaehrung/haltbarkeit-von-lebensmitteln/ist-das-noch-gut-muss-es-weg)

Wir brauchen daher innovative Wege, um dieses Problem zu lösen und die gibt es:

Wer zu viele Lebensmittel eingekauft hat und bei einem Teil bereits das Mindesthaltbarkeitsdatum (MHD) erreicht ist, kann sie über die Internet-Plattform "www.foodsharing.de" mit anderen Menschen teilen statt in den Mülleimer zu werfen. Natürlich nur die Lebensmittel, die auch unbedenklich länger verwendet werden können. Übrig gebliebene Lebensmittel von einer Party oder bevor man in den Urlaub fährt, können per PC oder Smartphone auf dieser Online-Tauschbörse angeboten werden.

Außerdem gibt es "foodwatch". Diese Nichtregierungsorganisation (NGO) kämpft seit 15 Jahren für die Rechte von Verbraucherinnen und Verbrauchern. Foodwatch-Kampagnen haben z.B. bewirkt, dass der Fastfood-Riese McDonald's aufgrund einer foodwatch-Klage eine millionenschwere, irreführende Werbekampagne stoppen muss, dass wieder mal ein Lebensmittelhersteller eine Werbelüge aus den Supermarktregalen räumt, dass deutsche Banken aus der unmoralischen Nahrungsmittelspekulation aussteigen oder dass Deutschland als erstes Land überhaupt einen Grenzwert für die Uranbelastung von Trinkwasser einführt. Zum anderen hat foodwatch die öffentliche Debatte verändert: Die Probleme des Lebensmittelmarktes sind nicht länger einfach nur Gegenstand individueller Kaufentscheidungen, sondern zu einem politischen Thema geworden[191]. (Auszug Ende)

---

[191] Quelle: foodwatch (https://www.foodwatch.org/de/ueber-uns/unsere-erfolge/)

Sicherheitsrisiko Digitalisierung wird begrenzt

Der Trend zur Nutzung der Digitalisierung in allen denkbaren Bereichen hat - wie wir alle tagtäglich bei der Arbeit und im Privatleben erleben - unbestreitbar Vorteile. Wir können mit einem "Mausklick" am PC einkaufen, wir können Kontakte zu Verwandten und Freunden pflegen, die am anderen Ende der Welt leben und und und.

Es gibt aber auch gravierende Nachteile: Die "Cyber-Kriminalität" hat erschreckend zugenommen. Nicht nur Privatleute, sondern auch Unternehmen und ganze Städte können durch Hackerrangriffe bedroht werden. Es ist nicht auszuschließen, dass auch militärische Systeme "gehackt" werden, so dass irgendwann am PC Kriege ausgelöst werden können. Ein erschreckendes Szenario!

Die gute Nachricht:
Es gibt weltweit Gruppen von IT-Spezialisten, die nichts anderes tun, als daran zu arbeiten, dass dieses Bedrohungsszenario keine Wirklichkeit wird.

Vorbild ist das 2014 gegründete "Project Zero"[192] von Google und das Unternehmen "HackerOne"[193], das Chris Evans im Jahr 2015 aufbaute, getreu dem Motto "Wir wollen, dass die Besten der Welt im Interesse der Allgemeinheit arbeiten".

Inzwischen sind etwa 2000 IT-Fachleute auf der Website aktiv und halfen, 14 000 Sicherheitslücken zu schließen.

---

[192] Quelle: golem.de, IT-News für Profis, Artikel vom 15.07.2014 (https://www.golem.de/news/project-zero-google-baut-internet-sicherheits-team-auf-1407-107894.html)

[193] Quelle: brandeins Wirtschaftsmagazin Artikel von Lars Jensen, 2015 (https://www.brandeins.de/magazine/brand-eins-wirtschaftsmaga-zin/2015/geschwindigkeit/hacker-der-hoffnung)

 **Künstliche Intelligenz (KI) bietet Chancen**

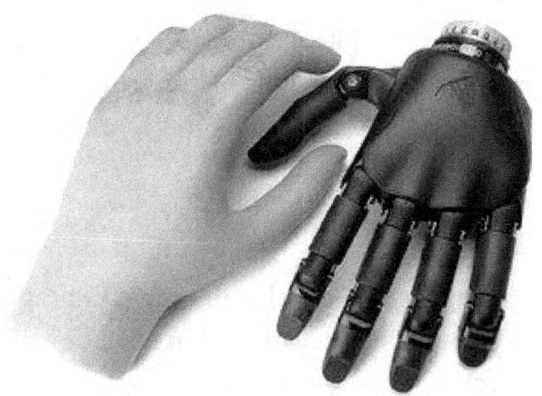

Wir alle kennen die "Digitale Revolution" als einen durch Digitaltechnik und Computer ausgelösten Umbruch, der seit Ausgang des 20. Jahrhunderts einen Wandel nahezu aller Lebensbereiche bewirkt und der in eine Digitale Welt führt, ähnlich wie die industrielle Revolution 200 Jahre zuvor in die Industriegesellschaft führte.

Doch das ist jetzt im Jahr 2020 bereits Geschichte.

Die "Digitalisierung" wird abgelöst durch die "Künstliche Intelligenz" (KI), auch "Artifizielle Intelligenz" (AI) genannt.

KI umfasst verschiedene Technologien, mit denen Maschinen wahrnehmen, verstehen, handeln und lernen können.

Die gute Nachricht:

KI wird die Beziehung zwischen Mensch und Technologie grundlegend verändern – dabei werden Kreativität und neue Kompetenzen gefördert.

KI läutet ein neues Zeitalter der Produktivität ein. Die menschliche Innovationskraft ist in diesem disruptiven Umfeld schneller und präziser als je zuvor.

Für künstliche Intelligenz gibt es bereits jetzt zahlreiche Anwendungsgebiete. Einige Beispiele[194]:

- Maschinelle Übersetzung ist weit verbreitet (Google Übersetzer, DeepL-Übersetzer).
- Spracherkennung ermöglicht Sprachsteuerung oder das Diktieren eines Textes. Wird u. a. in Smartphones eingesetzt (z. B. bei Siri, Google Assistant, Cortana, Samsungs Bixby oder Amazon Alexa).
- Gesichtserkennung, z. B. die App FindFace.
- Ein wissensbasiertes System bzw. spezieller ein Expertensystem stellt Lösungen bei komplexen Fragestellungen zur Verfügung (z.B. Computerprogramm Watson oder die Wissensdatenbank Cyc).
- Selbstfahrende Kraftfahrzeuge (z. B. Google Driverless Car).
- Humanoide Roboter (z. B. Atlas, ASIMO, Pepper).

Die Möglichkeiten, die KI bietet, sind aber bei weitem noch nicht ausgeschöpft. Im Gegenteil, ich glaube dass wir noch nicht annähernd absehen können, welche Chancen sich für die Menschheit bieten.

Es gibt wie bei allen Entwicklungen natürlich auch Risiken (die "dunkle Seite der Macht"):

Rein wirtschaftlich denkende Unternehmensführer könnten auf die Idee kommen, alles zu automatisieren, was sich automatisieren lässt. Das würde bedeuten, dass sich der Mensch langfristig überflüssig macht.

Mancher mag das sogar begrüßen, da die Menschen sich dann den "wirklich wichtigen Dingen" widmen könnten.

---

[194] Quelle: Wikipedia (https://de.wikipedia.org/wiki/K%C3%BCnstliche_Intelligenz#Anwendungen)

Aber ich fürchte, am Anfang wäre das das reine Chaos.

Die Transformation des Übergangs von einer Gesellschaft der Erwerbstätigen hin zu einer Gesellschaft von Menschen, die nur ihrem Neigungen nachgehen, ist eine Aufgabe, die nur mit viel Vorbereitung und noch mehr Zeit zu bewerkstelligen wäre.

Hier steht die Staatengemeinschaft, insbesondere die UN, in der Pflicht, rechtzeitig die Weichen so zu stellen, dass die KI zum Wohle der Menschheit eingesetzt wird.

Wie bei so vielen Eckpunkten unserer Zukunft brauchen wir auch hier ein globales Verständnis und eine einvernehmliche Regelung.

Weltpolitik

Demokratie verbreitet sich immer mehr

Legendär ist der Ausspruch des englischen Staatsmannes Winston Churchill vom 11. November 1947 bei einer Rede im Unterhaus:
"Demokratie ist die schlechteste aller Regierungsformen – abgesehen von all den anderen Formen, die von Zeit zu Zeit ausprobiert worden sind."
Oder, mit einem Demokratieforscher formuliert, "die zweitbeste Demokratie ist immer noch besser als die beste Nicht-Demokratie".
Die Demokratie mag nur als das kleinere Übel angesehen werden, vereint aber andererseits so viele Vorteile auf sich, dass sie als die beste bekannte Herrschaftsform bezeichnet werden kann.

Aber haben nicht die Finanzkrisen seit 2008 gezeigt, dass global agierende Investoren, Banken und Unternehmen einerseits und supranationale Regime wie Weltbank oder Welthandelsorganisation andererseits die Welt "regieren" und an die Stelle der Demokratie die Herrschaft der freien, deregulierten Märkte getreten ist?!

Eine berechtigte Frage, die aber nur zeigt, wie wichtig die Demokratie ist. Denn nur mit demokratischen Mitteln kann man solchen Bedrohungen begegnen.

Im Jahr 1816 lebte nur 1 Prozent der Weltbevölkerung in einer Demokratie.

Die erste gute Nachricht:

Im Jahr 2015 waren es bereits 56 Prozent[195].

Das stimmt mich hoffnungsvoll, denn die Welt ist seit 1816 in nahezu allen Bereichen besser geworden. Das liegt bestimmt nicht zuletzt an der Demokratie.

Allerdings ist unser globales demokratisches System mit den Vereinten Nationen (UN) an der Spitze nach Auffassung von vielen Menschen auch nicht die bestmögliche Lösung.

Die Schwachstellen der UN - wie z.B. das Vetorecht der fünf ständigen Mitglieder im Weltsicherheitsrat - sind hinlänglich bekannt.

Die zweite gute Nachricht:

Der Verein "Demokratie ohne Grenzen" koordiniert die Kampagne für eine UNPA. Eine Parlamentarische Versammlung der Vereinten Nationen (UNPA) würde gewählten Vertreter/innen der Bürger/innen eine Stimme geben und Entscheidungen im besten Interesse der Menschen treffen.

---

[195] Quelle: Anna, Hans und Ola Rosling: «Factfulness. Wie wir lernen, die Welt so zu sehen, wie sie wirklich ist», Ullstein, 2018.

So liegt etwa Nachhaltigkeit im kollektiven Interesse der Menschheit, auch wenn es vielleicht nicht im Interesse einer einzelnen Regierung liegt, eine Vorreiterrolle zu übernehmen.

Wir kennen hier leider viele negative Beispiele!

Die dritte gute Nachricht:

Die Kampagne wird von zahlreichen zivilgesellschaftlichen Organisationen sowie Einzelpersonen aus 157 Ländern unterstützt, darunter über 1.584 aktuelle und ehemalige Parlamentsmitglieder und zahlreiche hochrangige Persönlichkeiten aus allen Lebensbereichen[196]. Ich werde die weitere Entwicklung beobachten.

---

[196] Quelle: Website von " Demokratie ohne Grenzen" und "Campaign for a UN Parliamentary Assembly" (https://www.democracywithoutborders.org/de/unpa-kampagne/ und https://en.unpacampaign.org/about/)

Informationsfreiheit nimmt zu

Transparenz ist bei Regierungen leider keine Selbstverständlichkeit.

Erst seit 1967 gibt es z.B. in den USA den "Freedom of Information Act" (FOIA). Dabei unterzeichnete der damalige Präsident Johnson das Gesetz nur widerwillig. Das Gesetz gibt seitdem allen Menschen das Recht, beim Staat liegende Informationen anzufragen.

Die gute Nachricht:
Inzwischen leben 89 Prozent der Weltbevölkerung in Ländern, in denen ein Informationsfreiheitsgesetz gilt.

Das ist bemerkenswert, denn Informationsfreiheitsgesetze gehören zu den bei Machthabern unbeliebtesten Regelungen überhaupt.

Tatsächlich ermöglicht der Zugang zu Wissen auch den Zugang zu Mitbestimmung.

 **Die USA haben die „Ära Trump" endlich überwunden**

Die erste gute Nachricht:
Donald Trump hat wider Erwarten keine zweite Amtszeit angetreten. Das ist nicht selbstverständlich, denn schließlich hatte er eine starke „Gefolgschaft", die zu allem bereit war.

Nicht nur dazu bereit, seine Propaganda und seine ständigen Fake News zu glauben, sondern sogar gewaltsam gegen ein Nichtanerkennen seines „Wahlsiegs" vorzugehen. Die älteste Demokratie der Erde stand während des Sturms auf das Capitol im wahrsten Sinne des Wortes vor einer Zerreisprobe, aber sie hat sie – zumindest nach dem Stand Februar 2021 – bestanden.

Die zweite gute Nachricht:
Sein Nachfolger – Joe Biden – steht innenpolitisch vor einer Herkulesaufgabe, da er die zerrissene Gesellschaft – 60 Millionen Amerikaner wollten, dass Donald Trump vier weitere Jahre ihr Präsident ist – versöhnen und möglichst einen muss. Dennoch hat

er bereits in den ersten Wochen seiner Präsidentschaft weltpolitisch bedeutsame Weichen gestellt:

- Die USA sind dem Pariser Klimaabkommen, das Trump im November 2019 gekündigt hatte, wieder beigetreten und wollen künftig sogar eine Vorreiterrolle im Klimaschutz einnehmen. Das könnte die Wende in den stagnierenden Bemühungen zur Senkung des weltweiten CO_2-Ausstoßes bedeuten.
- Die USA werden den im Februar 2021 auslaufenden Vertrag zur Rüstungskontrolle, das „New Start-Abkommen", um fünf Jahre verlängern. Das ist eine gute und wichtige Nachricht. Ohne „New Start" gäbe es praktisch keine Begrenzung der Nukleararsenale Russlands und der USA mehr.
- Joe Biden hat den von Donald Trump eingeleiteten Austritt aus der WHO gestoppt. Der Schritt wäre Anfang Juli wirksam geworden, hätte für die finanzielle Situation der WHO einen Tiefschlag bedeutet und vielen Menschen, denen die WHO dadurch nicht hätte helfen können, das Leben gekostet. Gleichzeitig wollen sich die USA auch an der globalen Impfkampagne „Covax" gegen die Corona-Pandemie beteiligen.
- Die sogenannte „Mexico City Policy" wurde außer Kraft gesetzt. Aufgrund der Richtlinie - auch Global Gag Rule genannt - wurden vielen Organisationen, die Schwangerschaftsabbrüche anbieten und sich für deren Legalisierung einsetzen oder Frauen dazu beraten, während der Trump-Präsidentschaft US-amerikanische Entwicklungsgelder vollständig gestrichen.

Natürlich wissen wir alle, dass Joe Biden nicht alles erreichen wird, was er eigentlich erreichen möchte. Die Amtszeit von Barack Obama hat uns das schmerzlich gezeigt. Aber die USA haben nun zumindest wieder einen Präsidenten, der sich seiner Verantwortung als einer der mächtigsten Menschen der Welt bewusst ist.

 **Bürger engagieren sich für die Zukunft der Menschheit**

Ich habe in meinem Buch viele einzelne Aspekte der großen Frage, wie es mit der Menschheit in den nächsten Jahrzehnten weitergehen wird, behandelt.

Wer diese Teilstücke eines Puzzles zusammensetzt, kommt zwangsläufig zu einem Katalog von Forderungen, die man an die mächtigsten Politiker aller Staaten und an die großen Institutionen wie die EU und die UN stellen müsste.

Die gute Nachricht:

Es gibt in vielen Ländern viele engagierte Menschen, die nicht müde werden, ihre berechtigten Forderungen auch öffentlich zu adressieren. Aktuell sind es weltweit die „Fridays for Future", die für mehr Anstrengungen gegen den Klimawandel kämpfen. In den USA demonstrieren Millionen von Bürgerinnen und Bürger gegen Rassismus und Polizeigewalt.

In ganz Europa gingen viele Menschen bei den „Pulse of Europe"-Demonstrationen für Europa und gegen Rechtspopulisten auf die Straße.

Das alles hört und liest man täglich in den Medien. Aber weit weniger bekannt ist eine Initiative, die in Deutschland bereits im Jahr 2013 initiiert wurde und keine Teilaspekte, sondern einen kompletten Forderungskatalog aufstellt, der eine bessere Welt für die kommenden Generationen sichern würde.

In dem nachfolgenden „Generationen-Manifest", werden die zehn wichtigsten Themen für die kommenden Generationen benannt und die Politik (die deutsche Bundesregierung) wird zu generationengerechten Lösungen aufgefordert[197].

Ich finde, das sind alles sinnvolle Forderungen, deren Realisierung in unser aller Interesse liegen sollte. Verschweigen darf man allerdings nicht, dass viele Forderungen mit mehr oder weniger schmerzlichen Einschnitten in unseren derzeitigen hohen Lebensstandard verbunden wären und manche Forderung auch als absolut unrealistisch bewertet werden wird.

Ich habe mir daher erlaubt, die Rolle des „Advocatus Diaboli" einzunehmen und zu jedem Punkt einige kritische Bemerkungen angebracht.

> 1. *Frieden: Eine Zukunft ohne Krieg ist nicht selbstverständlich.*
> *Wir fordern die Bundesregierung auf, sich für eine endgültige Abschaffung aller Atomwaffen einzusetzen und ein Ende des Exports von Kriegswaffen in Spannungsgebiete zu beschließen.*
>
> Meine Bemerkung: Die Abschaffung aller Atomwaffen liegt nicht im Einflussbereich der Bundesregierung und die Atommächte lassen sich auch erfahrungsgemäß nicht von Äußerungen der Bundesregierung beeinflussen. Der Export von Kriegswaffen in Spannungsgebiete unterliegt in Deutschland derzeit

---

[197] Quelle: https://www.generationenmanifest.de/

schon strikten Begrenzungen, aber die Rüstungsindustrie findet leider immer Mittel und Wege, um die gesetzlichen Vorschriften zu umgehen. Hier könnte man ansetzen, wenn der politische Wille dafür da ist und die Regierung bereit ist, sich mit der Waffen-Lobby ernsthaft anzulegen. Derzeit scheint das aber leider nicht der Fall zu sein.

2. *Klima: Mit allen Mitteln die Klimakatastrophe abwenden.*
Auch in Deutschland müssen wir unsere Anstrengungen im Einklang mit dem Pariser Klimaschutzabkommen massiv erhöhen. Wir fordern die Bundesregierung auf, den Einsatz fossiler Brennstoffe bis 2040 zu beenden sowie ein tragfähiges Konzept für CO2-Besteuerung bzw. Emissionshandel vorzulegen. Aus den Erträgen soll ein Zukunftsfonds aufgelegt werden, der Innovationen fördert und für künftige Generationen spart.

Meine Bemerkung: Wenn Deutschland es schaffen würde, bis 2040 den Einsatz fossiler Brennstoffe zu beenden, wäre das wunderbar, auf das Weltklima hätte es allerdings kaum einen Einfluss. Neben eigenen Anstrengungen müssen wir daher unbedingt gezielt unseren politischen Einfluss und unsere Wirtschaftskraft einsetzen, um andere Länder aktiv dabei zu unterstützen, fossile Brennstoffe zu ersetzen.

3. *Bildung: Wir werden neue Kompetenzen brauchen.*
Unser Bildungskonzept stammt aus einem anderen Jahrhundert. Im digitalen Jahrtausend brauchen wir Interdisziplinarität, die Befähigung zur Selbstbildung, Teamfähigkeit und Medientraining. Wir fordern eine Zukunftskommission, die ein themenorientiertes Lernen und Lehren vom Kindergarten bis zur Universität entwickelt und seine Umsetzung entschlossen einleitet.

Meine Bemerkung: Dieser Prozess läuft bereits. Derzeit fokussieren sich allerdings viele Schulen nur auf die technische Ausstattung von Lehrern und Schülern und vernachlässigen inhaltliche Aspekte. Durch den Feudalismus im deutschen Bildungssystem sind zentrale Vorgaben, die das Ganze beschleunigen und im positiven Sinne vereinheitlichen würden, leider nicht möglich. Hier stehen wir uns selbst im Weg.

4. Armutsbekämpfung: Hunger, Armut und Überbevölkerung beenden.

Wir fordern die Bundesregierung auf, hier entschlossener zu handeln und die bereits gemachten Zusagen einzuhalten. Die Lösung liegt in der Durchsetzung von fairen Löhnen, einer fairen Arbeitsteilung und fairen Regeln für die Produktion des globalen Konsums. Deutschland soll hier Vorreiter werden.

Die Bildung und Stärkung von Frauen und Kindern in Schwellen- und Entwicklungsländern mithilfe eines internationalen Bildungsprogramms wird zu realistischeren Lebens- und Bleibeperspektiven der dort lebenden Menschen beitragen.

Meine Bemerkung: Die Problematik von Hunger und Armut muss von der drohenden Überbevölkerung getrennt werden, beides ist nicht zwangsläufig miteinander verbunden. Wie schwierig ersteres Thema ist, sieht man z.B. an dem sogenannten „Lieferkettengesetz". Die Bundesregierung hat sich in ihrem Koalitionsvertrag von 2018 verpflichtet, einer unternehmerischen Sorgfaltspflicht per Gesetz nachzukommen, sofern nicht die Mehrheit der deutschen Großunternehmen bis zum Jahr 2020 entsprechende Prozesse freiwillig veranlassen. Das Jahr 2020 ist fast abgelaufen und es hat sich noch nichts getan. Durch eine Befragung der Unternehmen wurde zwar festgestellt, dass so ein Gesetz dringend erforderlich ist, aber weite

Teile der Wirtschaft wehren sich dagegen und setzen weiterhin auf Freiwilligkeit. Wahrscheinlich wird – wie so oft im Dialog mit den Lobbyisten – der gute Ansatz verwässert und dadurch weitestgehend wirkungslos.

5. Gerechtigkeit: Die wachsende Kluft zwischen Arm und Reich verringern.

Die Altersarmut ist für einen wachsenden Teil der Bevölkerung eine reale Bedrohung. Wir fordern die Bundesregierung auf, unter Berücksichtigung der demographischen Entwicklung, eine Planung für das Renten- und Sozialsystem bis 2050 vorzulegen.

Wir fordern eine Steuerreform für ein gerechtes Steuersystem, mit fairen Vermögens-, Erbschafts- und Finanztransaktionssteuern und der Entlastung kinderreicher Familien, sowie eine ernsthafte Diskussion über das bedingungslose Grundeinkommen.

Meine Bemerkung: Wenn wir in Deutschland über Altersarmut sprechen, ist das jammern auf sehr hohem Niveau. Sicher gibt es Rentnerinnen und Rentner, die eine sehr geringe Rente bekommen, weil sie während des Erwerbslebens nur geringe Beiträge gezahlt haben. Aber mit echter Armut, wie wir sie aus vielen Ländern der Dritten Welt schmerzlich kennen, hat das nichts zu tun, da wir in Deutschland ein engmaschiges soziales Sicherungsnetz und insgesamt ein Sozialsystem haben, um das uns viele andere Länder beneiden. Sicher wäre bei uns eine Steuerreform bitter nötig, damit die Schere zwischen Arm und Reich nicht noch weiter auseinander geht, aber wie gesagt, es gibt in anderen Ländern viel dringendere Probleme, an deren Lösung Deutschland mitarbeiten müsste.

6. Unternehmenshaftung: Unternehmen und Banken dürfen nicht gegen, sondern müssen für die Menschen arbeiten.

Wir fordern die Einführung und Durchsetzung des Verursacherprinzips und klarer Haftungsregeln auf globaler und nationaler Ebene. Folgekosten von Krisen und Katastrophen müssen von denjenigen getragen werden, die mit hohen Risiken Gewinne erzielen und Probleme auf künftige Generationen abwälzen.

Und wir fordern ernsthafte globale Anstrengungen, damit Unternehmenssteuern in dem Land gezahlt werden, in dem auch die Gewinne erzielt werden.

Meine Bemerkung: Diese Forderung kann ich voll und ganz unterstützen, aber gerade bei so einem Punkt muss man auf das globale Problem auch global antworten. Das heißt, die richtige Adresse für die Problemlösung ist die EU und die UN - bzw. noch besser – eine noch zu gründende machtvolle Welt-Institution.

7. Migration: Menschen werden kommen, sie haben ein Recht darauf.

Unser Egoismus und unsere Profitgier sind mitverantwortlich für die Flüchtlingsströme. Wir müssen hier Verantwortung übernehmen und uns der Situation stellen.

Wir fordern einen Gestaltungsplan, der auf internationaler Ebene Vorsorge für die zu erwartenden erheblichen Migrationsströme der Zukunft trifft, und einen Verteilungsplan, der über einen gerechten Schlüssel dafür sorgt, dass diese Menschen aufgenommen und integriert werden können.

Und wir fordern eine konsequente und faire Integration der hier lebenden Flüchtlinge und Migranten sowie die Diskussion über eine globale Green Card.

Meine Bemerkung: Hier gilt das gleiche wie zu Punkt 6. Ein internationaler „Gestaltungsplan" kann nicht von einzelnen Ländern, sondern nur von der Staatengemeinschaft als Ganzes wirksam umgesetzt werden. Deutschland geht hier schon mit gutem Beispiel voran und die EU ist in der Pflicht, eine europäische Lösung durchzusetzen.

8. Digitalisierung: Die digitale Revolution birgt Chancen und Risiken.

Die tiefgreifende Veränderung von Wirtschaft und Gesellschaft durch die Digitalisierung verlangt nach klaren Regeln. Wir brauchen eine digitale Charta und eine supranationale Institution, die Regeln setzen und deren Einhaltung durchsetzen kann, das gilt für die Nutzung von persönlichen Daten ebenso wie für die Strafbewehrung von digitalen Verbrechen.

Digitale Geschäftsmodelle müssen in einen global gültigen regulatorischen Rahmen eingebettet werden, der jedem Bürger die Souveränität über seine Daten garantiert und die Gefahr begrenzt, dass sich der Staat zu einem Überwachungsstaat entwickelt, der die Entfaltung der nächsten Generationen behindert.

Wir fordern die Bundesregierung auf, ein Besteuerungsmodell zu entwickeln, das den digitalen Geschäftsmodellen Rechnung trägt, Produktivitäts- und Effizienzgewinne angemessen bei der Besteuerung berücksichtigt und den Wegfall von sozialversicherungspflichtigen Arbeitsplätzen durch neue Besteuerungsarten ausgleicht.

Meine Bemerkung: Hier haben die Autoren erkannt, dass sie etwas fordern, das nur eine supranationale Institution durchsetzen kann. Es gilt daher das gleiche wie zu Punkt 6 gesagte.

9. Müll: Abfall darf nicht unser Hauptvermächtnis an künftige Generationen werden.

Inzwischen sind die Ozeane bis in die Tiefsee mit Plastikmüll gefüllt; für den radioaktiven Abfall aus Kernkraftwerken gibt es keine Entsorgungslösung, und Raubbau an den natürlichen Ressourcen hat ganze Regionen verwüstet und verseucht. Wir fordern die künftige Bundesregierung auf, in Zukunft nur noch solche Materialien zuzulassen, die innerhalb einer Generation wieder natürlich abgebaut oder technisch entsorgt werden können.

Meine Bemerkung: Wenn Deutschland zu diesem Punkt eine Vorreiterrolle einnehmen würde, wäre das ganz wunderbar. Aber auf das globale Problem des zerstörerischen Umgangs der Menschheit mit den Ressourcen unseres Planeten hätte es kaum einen Einfluss. Neben eigenen Anstrengungen müssen wir daher wie bei Punkt 2 unsere ganze Kraft einsetzen, um andere Länder aktiv dabei zu unterstützen, ressourcenschonender zu leben.

10. Generationengerechtigkeit: Aufnahme in das Grundgesetz!

Wir brauchen einen neuen Generationenvertrag, der diesen Namen auch verdient.

Wir fordern die kommende Bundesregierung auf, Generationengerechtigkeit in das Grundgesetz aufzunehmen und so sicherzustellen, dass Haftungsforderungen im Namen zukünftiger Generationen eingeklagt werden können.

Meine Bemerkung: Auch diese Forderung ist sehr sinnvoll, aber Wirkung würde sie nur dann entfalten, wenn sehr viele Länder dies tun. Ich kann nur wiederholen: Wir müssen endlich damit anfangen, auf globale Probleme durch globale Maßnahmen zu reagieren.

Die zweite gute Nachricht:

Derzeit haben über 230.000 Unterstützer*innen das „Generationen-Manifest" unterzeichnet. Auch Sie, liebe Leserin, lieber Leser, können sich auf der Website näher informieren und das Manifest unterzeichnen:

https://www.generationenmanifest.de/

Epilog

Habe ich zu viel versprochen?

Haben die vielen guten Nachrichten bei Ihnen nicht ein gutes Gefühl - vielleicht sogar Hoffnung auf eine positive Zukunft für die Menschheit - erzeugt?

Was Sie wahrscheinlich vermisst haben, ist eine positive Aussage zur Entwicklung der weltweiten CO2-Emissionen. Schließlich ist das nach einvernehmlicher Überzeugung der Wissenschaft das Kernthema überhaupt.

Leider kann ich Ihnen hier keine globale gute Nachricht bieten, denn bei den weltweiten CO2-Emissionen ist bis jetzt noch keine Trendwende erkennbar.

Im Gegenteil, seit es die Menschheit ernst meint mit dem Klimaschutz - ich würde diesen Zeitpunkt auf das Jahr 1988 legen, als der "Weltklimarat"[198] gegründet wurde – haben sich die CO2-Emissionen pro Kopf (eine Betrachtung der absoluten Emissionen macht wenig Sinn, da sich seitdem die Weltbevölkerung stark verändert hat), von 4,22 auf 4,97 Tonnen erhöht[199].

Was aber ein bisschen Hoffnung macht:

Die Emissionen von Europa (auch Deutschland), Zentralasien und Nordamerika sind in diesem Zeitraum deutlich zurückgegangen.

---

[198] Näheres siehe Wikipedia (https://de.wikipedia.org/wiki/Intergovernmental_Panel_on_Climate_Change)

[199] Quelle: Daten der Weltbank, zuletzt aktualisiert am 06.07.2018 (https://www.google.com/publicdata/explore?ds=d5bncppjof8f9_&met_y=en_atm_co2e_pc&idim=country:DEU:FRA:TUR&hl=de&dl=de#!ctype=l&strail=false&bcs=d&nselm=h&met_y=en_atm_co2e_pc&scale_y=lin&ind_y=false&rdim=region&idim=country:DEU&idim=region:ECS:LCN:MEA:NAC:EAS&ifdim=region&tdim=true&tstart=571014000000&tend=1391554800000&hl=de&dl=de&ind=false)

Die schrittweise Abkehr von Kohle hat den Ausstoß von Klimagasen aus europäischen Kraftwerken 2019 um zwölf Prozent gedrückt – so stark wie seit fast 30 Jahren nicht mehr. Dies geht aus einer Studie der Berliner Denkfabrik "Agora Energiewende" hervor. Der entscheidende Hebel war demnach der Europäische Emissionshandel und der Anstieg des Kohlendioxid-Preises auf rund 25 EURO je Tonne[200].

Die "Problemkinder" sind Ostasien, der Nahe Osten und Nordafrika.

Die letzte gute Nachricht:
Ich werde weiterhin globale gute Nachrichten sammeln und in den Folgeauflagen dieses „kleinen" Buches veröffentlichen.
Vielleicht wird es dann irgendwann ein richtig „großes" Buch…

Jimi Balladeer
JimiBalladeer@gmx.de

---

[200] Quelle: dpa-Meldung vom 06.02.2020

www.ingramcontent.com/pod-product-compliance
Lightning Source LLC
Chambersburg PA
CBHW071352210526
45465CB00001B/59